BETTER TOGETHER

如何利用学校网络进行
项目式学习和
个性化学习

How to Leverage School Networks For Smarter Personalized and Project Based Learning

［美］汤姆·范德·阿尔克 Tom Vander Ark　莉迪亚·多宾斯 Lydia Dobyns　著

中国青年出版社
CHINA YOUTH PRESS

图书在版编目（CIP）数据

如何利用学校网络进行项目式学习和个性化学习 /
（美）汤姆·范德·阿尔克，（美）莉迪亚·多宾斯著；吕璀璀，刘白玉译.
—北京：中国青年出版社，2019.11
书名原文：Better Together: How to Leverage School Networks For Smarter Personalized
and Project Based Learning
ISBN 978-7-5153-5759-1

Ⅰ.①如… Ⅱ.①汤… ②莉… ③吕… ④刘… Ⅲ.①校园网—研究 Ⅳ.①TP393.18

中国版本图书馆CIP数据核字（2019）第175811号

Better Together: How to Leverage School Networks For Smarter Personalized and Project Based
Learning by Tom Vander Ark, Lydia Dobyns
Copright © 2018 by John Wiley& Sons, Inc.
This translation Published under license with the original publisher John Wiley& Sons, Inc.
Simplified Chinese translation copyright © 2019 by China Youth Press.
All rights reserved.

如何利用学校网络进行项目式学习和个性化学习

作　　者：［美］汤姆·范德·阿尔克　莉迪亚·多宾斯
译　　者：吕璀璀　刘白玉
责任编辑：肖妩嫔
文字编辑：任长玉　张祎琳
美术编辑：杜雨萃
出　　版：中国青年出版社
发　　行：北京中青文文化传媒有限公司
电　　话：010-65511270/65516873
公司网址：www.cyb.com.cn
购书网址：zqwts.tmall.com
印　　刷：天津光之彩印刷有限公司
版　　次：2019年11月第1版
印　　次：2020年8月第2次印刷
开　　本：787×1092　1/16
字　　数：140千字
印　　张：13
京权图字：01-2018-7058
书　　号：ISBN 978-7-5153-5759-1
定　　价：39.90元

版权声明

目　录
CONTENTS

第一部分

网络重塑教学模式 / 025

第二部分

如何高效教学 / 061

第三部分

创新教学的有效策略 / 145

赞誉之辞

没有平台和网络增强影响力，信息的指数级增长就会受限。作为美国杰出的教育领袖，汤姆和莉迪亚诠释了将人与组织联系起来帮助人们成长的力量和意图。

——文斯·爱姆·伯特伦，教育学博士、工商管理硕士
"项目引路"机构（Project Lead The Way）董事长、首席执行官

一位明智的管理者曾言："孤立是进步的敌人。"这本书恰似无价之宝，为教师和学校通过网络平台进行真正的创新提供了强大的理论基础、恰如其分的例子和极有价值的指导方针，值得每位教育领导者珍藏。

——托尼·瓦格纳，《全球成绩差距》《创造创新者》作者

我坚信，我们需要网络和专业学习社区，相互学习和分享应对教育转

型所需的变革。创造对话的机会，以推动我们重新反思学校教育模式、教师的教学方法和学生的学习需求，这一环节至关重要。这种转型要求成年人围绕实践和思维进行转变，进行集体能力的构建和深度学习。本书就网络为何可以引领变革以及教育工作者如何利用网络进行更为高效、更具创新性的学习，进而为每个学生在大学、职业和生活中的成功做好准备，提供了颇有价值的见解。

——苏珊·帕特里克，K12在线学习国际协会（iNACOL）董事长、

首席执行官，能力工程项目（Competency Works）联合创始人

做得很棒！众所周知，我们一起合作共事，表现会更加卓越。然而，最具前瞻性思维的教育家往往选择独立开拓。《如何利用学校网络进行项目式学习和个性化学习》对于致力于教育改革的人来说是一本必读书。

——蒂莫西·艾斯·斯图尔特博士，亚的斯亚贝巴国际社区

学校校长，《专业化学习社区中的个性化学习》合著者

教育不能再依赖于辐射型分散的学习方法。在网络化的世界里，学习以更快的速度进行。在与我们合作的500所学校中，最成功的学校与全国的其他学校都有合作。汤姆和莉迪亚为我们提供了网络分类的例子，促进了学习并助力学校实现目标。

——安东尼·金，教育元素公司（Education Elements）

首席执行官，《新校规》的合著者

《如何利用学校网络进行项目式学习和个性化学习》是经过学校和教育家们最前沿思想的碰撞而创造的杰作。该书不仅更好地定义了教育者和公民需要理解的概念，而且提供了如何在学校有效实施这些概念的指导。

——迈克尔·霍恩克里斯，纠缠集团首席战略官、

《颠覆课堂》与《混合式学习》的作者

长期以来，教育改革家们一直专注于改善单个机构。让最优秀的人执掌一所学校，巩固学校文化，并实施最佳实践方案，但均以孤立的方式进行。汤姆和莉迪亚展示了这种方法的局限性。《如何利用学校网络进行项目式学习和个性化学习》展示了在共同平台上学习的力量，这些平台将志同道合的学校和机构连接在一起。最终，所有学校共同致力于创新和改进，这比单枪匹马的努力强大多了。

——朱莉亚·弗里兰·费舍尔，克莱顿·克里斯滕森研究所的

教育主任

跟其他人一样，汤姆和莉迪亚一直在教育领域努力寻找切实可行的方法，以改善孩子们的教育成果。我强烈推荐这本优秀书籍，因为学校网络使我们能够超越"一次性的创新"，为学校持续开展伟大的工作和分享他们的学习开拓道路。这本书以及汤姆和莉迪亚等专家的观点应作为教育工

作者、管理人员以及努力创建高效学校的政策制定者的引路指南。

　　——查德·维克，美国大学入学考试组织委员长，KnowledgeWorks公

司的创始人和名誉主席

　　网络是必需的。合作是人类与生俱来的欲望，真正的合作有助于人类的进步。《如何利用学校网络进行项目式学习和个性化学习》阐述了通过网络进行合作的原因和方式，并将此举看作是当今教育界最令人振奋之事。

　　——巴里·舒勒，新技术联盟董事长、德丰杰投资（DFJ Growth）

合伙人

　　在《如何利用学校网络进行项目式学习和个性化学习》一书中，汤姆与莉迪亚有力地论证了学校网络在转变学习方式方面产生的巨大力量，从而帮助学生在大学、事业和生活中做好成功的准备。

　　——大卫·罗斯，21世纪学习公司（21st Century Learning）

首席执行官，合伙人

　　汤姆和莉迪亚明白，教育的未来将建立在高效的学校网络基础之上。《如何利用学校网络进行项目式学习和个性化学习》是一本顺应时势的必备书。在书中，作者展现了一个充满无限可能的世界，这个世界充盈着随

时可用的实用资源。作者致力于寻找和突出100多个促进包容和公正的模范学校及网站,这使本书成为所有教育工作者的必读书籍。希望该书可为下一代学生和学校领导建立一个更加美好的世界。

——贾斯汀·阿里奥,蒙图尔学区学业成绩与区域创新主任

《如何利用学校网络进行项目式学习和个性化学习》使教与学在未来的数字世界里变得更易理解,不再令人望而生畏。通过网络进行个性化学习讨论和基于项目的学习,并与致力于共同目标的团队合作——汤姆和莉迪亚向我们展示了一个可实现的未来。

他们向我们展示了如何利用学校网络和自身的主观能动性构建一个在美国各地都切实可行的学习平台,从而揭开大数据和人工智能的神秘面纱。他们实现了超越,向他们致敬。

——普尔杜,数字学习(digiLEARN)创始人、主席(2015)

北卡罗来纳州州长(2009-2013)

十年来,我们创建了数百所学校和组织,共同致力于有意义的、引人注目的、公平公正的学习。这充分证明,如果孩子的老师、图书管理员、青年工作者以及当地的艺术家、技术人员及企业家一直联系在一起,我们的孩子会更加出色。网络将致力于把有共同目标的人才真正连接在一起,这样他们可以以不同的方式想象无限可能。然后,他们共同准备好强势前

行，重塑学习。

——格雷格·贝尔，格拉布尔基金会（The Grable Foundation）执行理事，重塑学习公司（Remake Learning）联合主席

汤姆和莉迪亚针对网络对于学校创新的作用进行了精辟的论述。对于未来也要走这条路的现有学校来说，教育工作者希望与他们在同一个战壕合作。

——艾琳·拉登，开创学习公司（Learn Launch）的创办合伙人

与家长、老师、校长、校董事会和学生建立密切的联系，并与他们共同致力于学区的发展，为学生的大学和职业生涯做好准备，这相对容易，毕竟身为父母，我们知道自己的职责，执行起来才是挑战。学校网络是将积极学习者的美好愿望转化为现实的重要要素。汤姆和莉迪亚为我们描绘了通过网络与学区的合作取得成功的前景。

——胡安·卡布雷拉，埃尔帕索独立学区负责人

前 言

我们相信，校园网是现代美国教育界最重要的创新。我们与大多数非正式的、自发的、管理型的学校网络机构合作过，也为其提供过资金赞助。我们认为校园网及开发中令人振奋的新网络是开启新的学习模式的动力。然而，这种学习模式虽前途无量，却难以开发和维护。

网络提供了有效解决问题的最佳路径，使得每所学校不必耗费精力进行重复性工作。网络提供了从已证明的能力中创新的机会，并为教育者传授和获取专业知识、创造有活力的学习社区提供有意义的指导。此外，网络持续为学校体系中的领导换届过渡搭建了桥梁。

人工智能驱动下创新时代的到来，使学校网络的重要性超乎从前。新的时代赋予年轻人程序编码、开展活动、解决大问题或做生意的机会。新的机遇需要年轻人具备解决复杂问题、与多样化团队合作以及终身学习的技能。新的时代，我们面临着前所未有的机遇，同时也要应对社会变革的浪潮和意想不到的挑战。

将个性化学习和基于团队的拓展挑战相结合的新的教学模式有利于知识的增长、技能的提高和思维的开发，这些是信息时代获得成功的必需要素。然而，新的教学模式的设计与实施仍然是复杂的，特别是对于存在学习缺陷的学生。鉴于网络设计与实施的复杂程度，志同道合的学校之间携手迎接网络时代的新挑战更有必要。

我们每个人都是从商界起步的，也目睹了技术革命的早期阶段。我们携手创建了第一批网络企业，这些企业不仅仅具有规模效应（规模越大，东西越便宜），更具有网络效应。网络越强大、越智能化，用户体验越美妙。网络平台工作的创意改变了世界，并将继续改变学习。

20多年前，我们都意识到教育是我们能从事的最重要的工作，也意识到我们拥有转变学习方式、消除不平等的新机会。我们设想平台和网络可以为我们拓展更多的通道与机会。

我们一起热切地鼓励年轻人接受时代的巨大挑战，并通过鼓舞、支持和示范把事情做好。在上千所学校里，我们已经目睹了拓展性质的真实挑战可以帮助年轻人与社区建立联系，提高其作为不同的个体的认知能力。

我们努力引领公共学区、非营利组织、慈善投资和风险投资。这些努力有成功，也有失败。我们明白仅有好的创意是不够的，转型难、升级更难。这本书总结了两个结论，这两个结论也是转变教育的两个理念：一是有效的项目式学习，二是通过网络合作进一步升级项目式学习。

罗马不是一天建成的。创建让每个学生都能参与到高效学习体验中的学校并非易事。然而，假以时日，从一个个学校做起，便能成功。志同道合的学校携手合作是关键。我们和我们各自的团队奔波就是为了实现这个梦想。我们相信，正如"新科技联盟"所言，我们可以创建一个以公立学校为荣的民族。

校园网的发展前景

丹·利泽在一所传统的公立学校教授社会课程。学校的课程照本宣科，重在让学生为标准化测试做准备。2015年，丹·利泽得到了一个帮忙筹建一所新高中的机会。这是全国网络的一部分，网络教师让学生参与到具有挑战性的综合性项目中。利泽喜欢这份用网络学习工具设计教学项目的创造性工作。美洲狮新科技网上的开堂课是一堂有趣的思维实验课，他们创设了一部图像小说，把希腊神话与亚洲文化相融合，鼓励学生思考神话在过去和现在的社会角色。

莎拉·多明格斯在同一所公立学校教授数学，那里的管理部门专注于备考。由于学生缺乏课堂参与，她无法帮助学生通过合作进而相互了解，这让莎拉感到沮丧。她抓住了加入利泽团队的机会，开办了一所致力于让学生真正参与挑战的新学校。她从网络数据库挑选了一些问题并自己设计了一些问题。跟丹·利泽一样，莎拉很欣赏她接受的教学指导以及他们参加的年度网络会议。

得克萨斯州埃尔帕索市的富兰克林高中新筹建了一所研究所——美洲狮新技术研究所。他们有自己的设备，在工具使用、课程开设以及专业学习方面较之其他学校拥有更多的自主权。美洲狮新技术研究所是埃尔帕索八大研究所之一，他们均加入了美国新技术联盟（New Tech Network）。这些小研究所是新技术联盟和埃尔帕索私立学校的下属机构。这些学校与新技术联盟在教学上联盟，同时允许研究所有自己的课程安排、学习工具和职业发展路径。丹·利泽、莎拉及其他富兰克林美洲狮教师大多刚刚接触项目式学习。他们从教学模式、技术支持、现场指导、课程数据库、项目创作工具以及年度会议方面受益匪浅。

每当莎拉因为某个想法或项目而绞尽脑汁的时候，新技术联盟网络平台就会为她提供所需的资源。例如，当莎拉为来年该如何教授微积分而纠结的时候，通过网络平台，她可以和其他州的老师取得联络，分享关于如何教授微积分课的想法和反馈。

一致化的模式使学生了解了我们全体人员的高标准，学生们知道接下来该做什么，所以会感到放松。丹·利泽说："我们每个人有着共同的理念和解决问题的方式。"

富兰克林高中的管理者们热火朝天地筹建新的研究所。他们参观过类似的学校，知道这对某些学生来说意味着高质量的学习选择。他们欣赏学校的设计、工具、技术支持以及足够的自主权。

新技术联盟是一个自愿加盟的组织。200所学校中，有一些是新创立的，比如美洲狮，这些学校是教师和学生的首选。公立学校通常选择在已有学校中实施新技术模式作为学校新的设计方案。新技术联盟中一半为社区学校，其余的则是可选性学校。十几年来，美国各地的公立学校一直在寻求新技术的支持，以促进学生的参与、文化的赋能、技术的支持和有价值成果的产出。

校园网络的重要性

校园网络是现代美国教育中最重要的创新。校园网不是一级级地传达，而是互联网学校共享教学方法与工具，校长和教师都使用协作式学习模式。

数千所传统的公立学校自愿加入新技术联盟，部分原因是这个组织的确起作用。跟同类学校相比，更多的学生参与到课堂活动中，毕业并考上大学。学校领导们列举了加入"大图景学习（BPL）""远征学习（EL）""国家学术基金会（NAF）"的类似原因。

在美国7000所特许学校中，约有1/3的学校使用网络平台进行教学活动，这些学校大多由非营利性组织管理。根据斯坦福大学2017年的研究，加入到高效网络平台的学校在运营上胜过未加入平台的学校。

课程网络在共享平台上提供具备专业学习体验的学习项目。"项目引领未来"（PLTW）是一门综合科学、技术、工程、数学的课程，1万多所学校共享这个网络平台。"通过个人意志获取提升"（简称AVID）是一个大学预备项目，6000多所学校共享其教学框架、课程和工具。并不是所有学校都使用这些网络课程模式，然而跟购买教科书消极接收知识不同，这种模式体现了人与网络更深层次的关系。

为什么使用网络平台的学校数量在稳步增长？为什么网络在未来会变得更为重要？如前所述，主要原因在于他们即使在困境下也运行极佳。网络性能好，设计连贯，为师生配合搭建了更好的平台。通常情况下，大家共同致力于教学实践、教学工具的开发和教学培训会产生更好的教学效果。

随着教学变得越来越复杂，连贯性和准确性也愈加重要。使用新的工具为每个学生创造个性化的学习体验大有前途，但也增加了教育的难度，因为新的学习模式意味着更多的学习工具、更频繁的协作和更丰富的专业知识。使用致力于开发统一教学模式的网络平台可以帮助面临严峻挑战的学校获得强劲成果。

威廉和弗罗拉·休利特基金会（William and Flora Hewlett Foundation）呼吁深度学习效果，这进一步增加了个体学校面临的挑战。21世纪技能合作组织（简称P21）提出4条学生应具备的重要技能，即交际能力、批判性思维、协作能力和创新能力，深度学习在此基础上增加了两项技能——学术思维和学习技能。有证据表明，这些技能对大学和职业准备发挥着越来越重要的作用。美国学校一直在努力实现提高基础技能的目标，了解毕业生究竟能做什么并找到促进和衡量这些新技能的方法是一项具有挑战性的工作。

除了解决疑难问题，网络还有助于建立一种持续的专注感，从而降低人员流动。不论是管理型还是自发型的网络几乎都是由非营利性组织创办的，这使他们可以长期创建和维持以使命为中心的组织。一项历时两年的教育革新研究表明，持久任职是提高成绩的关键。学校董事会之类的民选机构很难维持议程。市区警司和高水平中学校长的平均任职年限约为3年。频繁的领导换届严重影响了学校的持续发展，不利于营造创新的氛围。

由于特许学校不受例行性教育行政规定的约束，这大大避免了受政界变动和频繁的领导换届引发的混乱。"新科技联盟"这些提供支持的组织与学校达成一致，结成合作伙伴关系，创建类似于特许学校的拥有自主权的新兴学校。专门设计的学校往往在早期发展顺利，并培养出一批能够保护它们免受人员流失影响的支持者。

网络愈加重要的另外一个原因是它被组织起来用于改进教学、促进创新。公立学校通常面临资金短缺的问题，因而无法履行当前的义务，也无法组织其开展可能需要花费数年才有回报的投资。网络提供一致的设计，支持高保真教学，同时也有投资支持。

在网络中工作

网络通常由网络中心组织工作并作出决策。有些不太正式的网络，比如家长教师协会，会自行组织，有多个网络中心。网络可以像"黑人的命也是命"（Black Lives Matter，简称BLM）一样结成自发性组织，也可以像"全国有色人种协进会"（The National Association for the Advancement of Colored People，简称NAACP）一样是有计划的持续性组织。构建网络平台或需要一个简单的承诺，或如奥古斯塔国家高尔夫球俱乐部一样昂贵，并对会员实行严格的入会筛选。

　　网络通常可以进行事务的核心处理，为参与者和整个网络增加附加值。数以万计的教师在专业学习社区一起共事，致力于通过共同实践进而提升自我。加州的学校加入了教育联盟（Connect Ed），获得了捐助资金、技术援助、学习平台和合作机会。基金会继续资助管理型学校网络，因为这似乎是在服务不完善的社区创造优质学校的可靠方案。

　　在网络中一起共事的教育工作者数量在稳步增长，这本书探讨了这种趋势并深信网络工作者数量还会继续增加。伴随着具有强大平台工具的动态网络产生的网络效应，网络工具会变得更好、更有价值。随着网络工具的改善，网络工作人员数量还会大规模增长。这本书列举了很多典型例子，而新技术联盟是产生网络效应的例子之一（第2章将进行详细讲述）。

如何利用网络平台

　　数字平台改变了我们的生活、工作、旅行和娱乐方式，这是第1章的主题。然而，尽管我们在向数字化学习转变，平台革命并未完全转变正规教育。这是为什么呢？

　　问题之一是学习平台并未像社交媒体和市场平台一样得到关注与投

资，在用户体验方面，他们通常落后于我们的预期几年。更重要的是，继美国学校增加了3000万台电脑后，我们清楚地认识到，并非技术工具转变了我们的学习，而是新工具的使用和学习环境的改变使学习者的体验和视野发生了巨变。教师工作条件的革新促进其为学习者创建更多的学习体验，进而影响了数以千计学生的学习方式，与此同时使得小组教学成为可能。正是学校教师和管理者拥有的专业工作环境，才使学习者获得了个性化专业发展的机会。

基于项目的学习很容易启动，但却难以严格实施。将个性化学习融入其中，使每位学习者有自己独特的学习路径和进度，这个构想虽然前途无量却难以实施。构建个性化学习模式、学习平台和统一的专业学习体系，无论在学术上、技术上还是经济上都具有挑战性。

在美国的公立学校，负责设计和运营教学项目的1.4万名负责人和学校董事会分布在50个不同的州，这种分散体系导致情况更为复杂。管理型和自愿型网络可以发展规模，投资于教学项目、技术平台、改进框架和专业学习机会。

新的学习模式可以大幅度提升学生学业成绩、拓展其学习路径。我们为此感到振奋并由此编纂此书。教育工作者们需置身网络或由网络覆盖的学区之中，以求不断提升。

关于此书

第一部分（第1章到第3章）阐述了进行中的技术革命的背景以及平台

和网络如何、为什么正在重塑我们的生活和工作。第二部分（第4章到第8章），第4章和第5章阐述了我们为所有学生提供高效学习的愿景，并解释了设计思维成为学校新模式的原因。第6章阐述了教师应该期待的合作创造的授权环境。第7章阐述了动态网络如何做出改进。第8章比较了网络模式的规模影响。

第三部分阐述了有关构建高效网络的具体策略，包括领导力（第9章）、影响力（第10章）、管理（第11章）、学校支持（第12章）和倡导（第13章）。

第一部分

网络重塑教学模式

Platform Revolution

第 1 章

网络平台
一个称为家的地方

网络平台为工作、生活赋能

按一下按钮，车立刻出现在你的面前，无论你在哪里。搜索一下，点击你喜欢的菜，几分钟后，晚饭就准备好了。想去纽约逛一逛？订飞机票，在一个陌生人的公寓里订一个房间，也就是点击几下鼠标而已。也许你想了解某个高中同学，那就去你的脸书跟他交流，结果发现他正在跟自己的孙子们在一起，享受着天伦之乐呢。

数字平台改变了我们的生活方式、工作方式、娱乐方式、旅行方式和学习方式。六家最大的数字平台（按照市值计算）——苹果、阿里巴巴、谷歌、亚马逊、脸书和微软，都从事数字平台业务。学者杰弗里·帕克、马歇尔·凡·阿尔斯丁、撒吉提·乔社里在2016年合作出版了一本名叫《平台革命》的书。书中对平台下的定义是：

平台是一种基于外部生产者和消费者之间在买卖互动过程中创造价值的业务。平台既为参与者提供开放的、参与的业务结构，又为参与者设定交易规则。平台的最终目标是：完美匹配买卖双方的需求，促进商品、服务或者社会货币的流通，从而使所有的参与者在交易中创造价值。

像优步、爱彼迎、脸书、亚马逊和阿里巴巴等平台都改变了消费者和市场，但是多数人都不太清楚它们是如何改变我们的。关于管理、开放和货币化的许多设计都在引导使用者，并在使用者买卖的精准度和模糊度之间产生作用。譬如，我的空间平台就要求使用者去看其他人的购物目录，脸书将好友的信息自动呈现给使用者。这些看似小的设计，却会对用户的使用行为产生很大的影响。

平台经济的崛起改变了人们的生活方式，这得益于日益改善的宽带和网络（如同前文所总结的那样），平台加速了变化，而且这种变化会持续不断，这种情况以前从未有过。平台改变了人们对"可能性"的假设，找到了价值创造和价值提供的新源泉。领英是我们联系业务的纽带，脸书是朋友和家庭的家，色拉布是照片分享的平台，亚马逊是购物的平台，这些平台促使人们采取新的、重要的行动。

你可能同时使用几个平台。任何形式的营销都从了解客户开始，包括潜在客户。客户信息都存储在"客户关系管理系统"里，譬如软件营销公司就有自己的"客户关系管理系统"。如果你们公司生产了什么产品，那么可能就是使用"公司资源规划系统"来管理生产和库存。人力资源和会计通常也拥有自己的软件。在过去十年，所有这些系统都从业务层

平台做什么	平台能够进一步做什么
短信服务快速、可延伸、相互协作、容易学习。	让与页面上连接的信息**自由流动**，在任何地方都更容易学习、工作、交易。
知道你的偏好、位置、能力、兴趣。	与利益、事件、广告活动**相连**，构建综合方案。
过滤信息流、分配指数式增长的知识注意力。	**创建**引人注目的形象、故事、活动、工具、环境、经历。平台除去了障碍，提高了效率。
跟踪一切，用简单、有用的图形分享。	**综合、匹配**播放列表和游戏汇编。
建议和提醒准确性及实用性。	与广大观众**分享**产品，创建社区反馈图，邀请外人加入。
无缝、持续**改进**（无统一版本的垄断控制）	**学习**并增加面对面互动。

图1-1　平台的功能

面的计算机操作转向"云"网络，这样无论在何处都更容易获取、更新和提升容量。

正当人们认为这些大鳄级的平台能够做任何事情时，智能手机出现了，标志是2007年出现的苹果智能手机，一种新的平台。苹果应用程序商店立刻成为成千上万、现在是几百万手机移动程序之家。从苹果应用商店、谷歌应用商店、微软手机应用商店下载的手机应用程序达几十亿。曾经仅仅作为电话的手机现在却成为移动应用平台。

随着智能手机数量的增长及社交媒体的使用，聊天软件出现了。它首先在年轻人中间爆发。然后，经常使用电子邮件的"战后婴儿潮一代"（1946—1965年出生的美国人）发现，聊天软件比电子邮件更容易交流。斯莱克（Slack）在2014年启动了聊天服务，并迅速成为独角兽公司（市值超过10亿美元）。成千上万的公司迅速采用了聊天软件平台，一个非常容易整合的平台。斯莱克的成功说明：你不必非常庞大，你只要解决一个问题，并且容易使用，你就会成功。

平台创造，常常是与共同创造，并与广大客户紧密联系。平台了解我们，并帮助我们了解世界。对我们大多数人来讲，成长由关系驱动，学习是在一定环境下进行的（有关学习平台的更多内容，参见第3章）。平台使面对面的时间更富有成效，并让人们更多地参与，弥补个人经历的不足。

网络平台如何创造更大的价值

技术平台每10至15年更换一次。个人计算机作为平台始于1985年，持续10年，直到1994年新的平台——互联网爆发。智能手机出现于2007年。每次技术更新，似乎行业的领先者都获得了不菲的收益。目前新的战场是人工智能，它在不断增长，从虚拟变成了现实。前述六家大的数字平台运营商每年花费500亿美元用于研究与开发，它们的能力也相应地大大提高了。

充满生机的平台吸收了新的用户界面，增加了新的功能，创造了新的地理位置优势。超过1.5亿色拉布用户每天观看20亿个视频，用户花在平台上的时间每天几乎达到半个小时。脸书购买了傲库路思（Oculus），下一个界面将是虚拟现实。拥有亚莉克莎（Alexa）后，亚马逊将赌注下在语音上。由于人工智能的飞速发展，在未来几个月，数字助手和聊天机器人会更加普及。语音识别服务会继续改善，并会促进很多以人员互动为基础的服务的发展。平台如何规模化发展，并且创造价值？秘密就在于网络。

拓展阅读 ————————————————————————

1. http://dogsofthedow.com/largest-companies-by-market-cap.htm
2. Geoffrey G. Parker, Marshall W. Van Alstyne, and Sangeet Paul Choudary (2016). Platform Revolution: How Networked Markets Are Transforming the Economy and How to Make Them Work for You. New York, NY: W.W. Norton & Company.

第 2 章

网络效应
规模越大，效果越好

　　企业的不断发展壮大通常会对客户、雇员甚至是公司本身带来负面影响。但网络的发展会使参与其中的成员从多方面受益。如果沃尔玛多了一个新顾客，我们的收益是微不足道的。但是当脸书有了新成员加入时，我们每个人则都会有新的朋友进行交流和学习，并且随着成员的不断增加，平台的范围和潜在影响力也不断扩大。同样，网络玩家也会从新加入的玩家们身上受益。以上两个例子都展示了网络产生的积极效应，即每一个新加入的成员都使所在平台变得更好。

　　大型且管理良好的平台社区对每个用户都有很大的价值。社交网络（我能连接、贡献和获得我需要的东西吗？）、需求聚合（我能买东西吗？）和应用程序开发（我能构建吗？）所产生的力量都驱动着价值的产生。

　　网络平台可以促进信息、商品、服务以及某些形式的货币流通。以某种方式通过货币的形式进行价值交换的能力是构建可升级、可持续性平台的关键。网络平台在策划业务中，将内容与链接进行大规模的匹配。大部分平台使用算法滤波器过滤或筛选无关紧要的内容。过滤器和推荐功能可以帮助参与者匹配有价值的内容。

《平台革命》的作者宣称网络效应使组织内外发生颠覆，这意味着由用户操控某个区域。网络平台犹如无法控制库存的信息工厂，它们只是吸引和匹配客户以促进价值的交换。

网络是个大企业

沃顿商学院针对1500个组织（使用机器学习来检索大数据集）进行了研究，他们发现了四种主要商业模式：

- **实业创造者**：制造商、经销商和零售商（沃尔玛、福特、联邦快递）
- **技术创造者**：生物技术、健康科技和金融科技（微软公司、甲骨文公司、安进公司）
- **服务提供商**：顾问、银行家、教育工作者和律师（安泰保险、摩根大通公司、埃森哲咨询公司）
- **网络服务商**：社交、商业和金融（猫途鹰、红帽公司、优步）

研究发现，平均而言，网络带来的增长、利润和收益最高。研究团队成员巴里·李伯特说："网络服务商利用无形资产和实时交互，可以应用于所有行业的所有组织里。"

和生产实物的实业创造者、销售时间的服务提供商、销售知识产权的技术创造者相比，这项研究发现了网络规则和以企业为中心的商业模式对比所形成的网络巨大性能差异，作者称之为乘数效应。

网络将人们联结到一起(经常被称作"双向盈利模式")。例如，信用卡将持卡人和商家联系到一起，操作系统将使用者和开发商联结到一起，招聘网站将应聘人员和招聘人员联系到一起，市场将买家和卖家相联系。

网络经常利用共同创造和网络资产（如汽车、房屋、朋友和见解）来实现比销售时间或制造产品的组织更好的财务业绩。

网络领导者甚至有不同的想法和言论，他们使用平台、网络、数字和移动等词汇来描述他们的公司和投资策略，而实业创造者将工厂、财产和设备作为谈论的焦点和投资项目。

学区规模变大意味着更多的麻烦，因为组织层面未必会因为学校规模更大而变得更为聪慧。但是当个人的网络学习平台规模扩大时，网络很有可能变得更加智能化，因为其他教师极有可能也面临着与你相似的情况。因而你可以获得数百种资源而不是寥寥几十种。学校加入新技术联盟意味着老师可以采用或改编不计其数的项目。学校加入顶峰学习网意味着学生们可以获得量身定做的数字播放列表，并且该学习网站因此也可以更有效地了解到哪些资源最有效。

大型网络平台可以持续运行一系列随机对照试验，目的是找出哪些干预措施真正有助于学生的成功，提高其学习成果或学习效率，或二者兼顾。与陈·扎克伯格（顶峰学习的技术合作伙伴）一起共事的博瑞·萨克斯伯格倡议将这种平台化的设计工作称为"学习工程"。这一切都与利用数据来改善学习者和员工的体验有关，并且你拥有的数据越多，系统就越智能。

高级专业研究中心（CAPS）

高级专业研究中心（CAPS）创建于2009年，当时共有100名学生。该中心为100名创业学生提供了基于专业的学习机会。由堪萨斯城西南的蓝谷学区（Blue Valley School District）成立的高中就业中心现在每年为1000多名蓝谷学生提供服务。高级专业研究中心的网络覆盖了12个州的74个学区，为1万名学生提供服务。合作学校致力于五大核心价值观：

基于专业的学习：教员们通过和商业伙伴、社区伙伴的合作，开发贴近真实世界并基于项目的学习策略。这些交流互动丰富了学生的学习经历，并为学生升入大学以及工作提前做好了准备工作。

专业技能的开发：这些独特的经历培养了学生的变革能力和专业技能，比如，了解自己的期望值、时间管理能力以及基本的商业价值观。这些技能对于提高学生在高等教育和职业生涯中的竞争优势至关重要。

自我发现和探索：学生们通过探索并体验潜在的职业，正确认识自己的优势和激情所在。这样可以帮助他们在这个过程中展现出自身的领导力，并对自己的未来做出更加明智的决定。

创业心态：教员们为学员创造一个鼓励创造性思维、解决问题的良好环境。而创新文化是培养创业学习和设计思维的关键。

响应性：高级专业研究中心基于当地商业和社区需求，不断创新课程开发、项目和服务，支持高技能、高需求的职业。

高级专业研究中心主任科里·莫恩发现了网络成功的三个关键要素：关系的建立、利益相关者之间的高度信任和友好关系的价值创造。"成员们使用网络时就如同在做运动。"莫恩解释道，"运动使结缔组织变得更为强劲有力。"

在任何组织或教育机构拓展成功都是困难的，但网络可以使之变得更容易。"我们将规模视为积极要素。"亚利桑那州立大学（ASU）教育项目主任菲尔·雷吉尔解释道，"我们将通过扩展规模做得更好。数字化学习往往是规模游戏。随着规模的扩大，你可以让技术变得更为成熟。"

雷吉尔将易迪克斯（edX）的在线学习合作伙伴——全球新生学院（Global Freshman Academy）作为网络效应的例子。该平台允许学员随时参加公开课程，并且通过课程后才付费。雷吉尔说："数学课棒极了，规模越大，效果越棒。"这是因为自适应课件适应每个学习者的学习需求，收集了数以千计的数据点，进而创造出更优化的网络效果。

为什么规模越大，效果越好？数据越多越能帮助亚利桑那州立大学判定什么样的学习经验是最有成效的。预测各个类型学习者的学习需求，有助于设计更富有成效的课程。"较之150名学生选课，2000名学生选课会使我们课程设计提升得更快。"雷吉尔补充道，"参加自选课的学生数量越多，课程质量越高，学生学得就更快，效率也就更高。这样学生就能获取更多的技巧，学得更为深入。"

通过利用数字学习，雷吉尔目睹了几个大型机构的出现，这些机构被总裁迈克尔·克劳称为国民服务大学，可为20多万个学习者效劳。全球新生学院和亚利桑那州立大学开展了服务星巴克员工的合作项目，通过该项目，克劳将目光定位于建设一所超级可扩展型大学——一个大型网络平台。

有影响力的组织以及由任务驱动的非营利组织和营利组织使用网络越来越多。其中少数是依靠广告或赞助。艾沃菲（Everfi）通过开发和分发赞助课程已经发展成为一个大企业。一些有影响力的组织为平台提供免费服务或开放教育资源（OER），还出售附加的服务。远征学习教育（EL Education）和开放资源提供免费数学和英语课程的培训。而大多数教育网站都提供会员或订阅服务。

少数组织完全依靠慈善支持来发展具影响力网络。有像面向未来（Future Ready）这样的自愿捐赠网络，也有10所学校从XQ获得了1000万美元的巨额捐款，XQ是由慈善家劳伦·鲍威尔·乔布斯赞助的超级学校项目。

下表中所示的一些网络业务模式看起来很像开放市场，但是它们之间存在三个关键的区别。首先，网络需要一个肯定性决策来联结。其次，网络成员可以访问网络资源（品牌、服务、信息源、优质内容）。最后，网络通过奖励能够创造彼此价值的交易来建立成员之间的互相依赖关系（网络业务模型在第10章进行更深入的讨论）。

网络商业模式

引擎	商业实例	教育实例
广告/赞助 免费增值	脸书 领英	艾沃菲（Everfi） • 公开教育资源和专业学习：远征学习教育、开放资源 • 服务：埃莫多
会员身份 会员订阅	酒吧 协会 商会	• 个人：国家教育协会（NEA）、校监协会（AASA） • 课程：通过个人意志获取提升（AVID），项目引领未来（PLTW） • 学校：新技术联盟，大图景
平台市场 影响力	优步，爱彼迎 维基百科	优德米（Udemy），茅屋课堂，教案交易平台（TeachersPayTeachers） 面向未来（Future Ready），顶峰学习（Summit Learning），下一代学习挑战（NGLC），超级学校项目拨款（XQ），青年团（Youth Build）

结构驱动行为

如果你在I-10州际高速公路上从休斯敦向西行驶到洛杉矶，那么得克萨斯州的埃尔帕索将是中途点的标志。埃尔帕索位于得克萨斯州以西300英里处，被东部的得克萨斯人称为"西得克萨斯"。埃尔帕索和华瑞兹市横跨里约格兰德河，环绕着落基山脉最南端富兰克林山脉的7000英尺的群峰。在新墨西哥州拉斯克鲁塞斯，大都会区拥有近300万人口，是美国乃至全世界最大的双语和双边民族劳动力聚集地。

繁华市中心以东两英里处是查密沙尔，艺术家莫瑞西·欧拉格在这个贫穷社区长大。他利用这个墨西哥裔美国工人阶级社区的生活垃圾，创作了"具有攻击性的街头作品"，通过与特定时间和空间相关联的物品保护人类的精神本质。

和他的艺术一样，欧拉格与这个地方有着不解之缘。他曾就读的博威高中是一所临近边境的学校，读完大学之后他重返博威高中当老师，目睹了学区越来越痴迷于标准化测试。在许多课堂，课程是围绕着已发布的国家测试题目进行的。过分注重备考导致了作弊和为了赚钱而人为地操纵测试结果的现象。2012年，负责人洛伦佐·嘎科法被判处欺诈罪，入狱六年。

后来该州管辖了本学区并任命了一名管理人员，在负责人胡安·卡夫雷拉的领导下，从先前注重应试备考转移到主动学习上，将个性化的、基于项目的、社交情感型学习与双语言学习相结合。卡夫雷拉邀请新技术联盟在八个埃尔帕索社区帮助开发基于项目的学校。

作为一名社区艺术家，经过20年的教学和服务，欧拉格后来不情愿地加入了一个项目，在博威高中成立了一个新学院，为1400名西班牙裔学生服务。这些学生几乎都出身贫寒，西班牙语是他们的第一语言。

虽然开始时对项目持怀疑态度，但欧拉格还是很喜欢教授综合项目。他成为博威高中新技术教师，目前他引领一门独特的艺术和生物交叉学科，并逐渐爱上了团队教学的挑战。作为社区的终身居民，他认为这种高参与度的方式可以更好地激发学生的积极性，帮他们为未来做好准备。"我们是新生事物，我们顺应时代的潮流，我们正在如火如荼地进行教育改革，我们可以创造不同。"欧拉格说，"这是解决问题的手段。"

圣迭·梅迪娜是另一位创建奥索新技术的老师，他在一门包含世界史的课程中教授英语。他喜欢择机将文学融入到历史中，通过历史文献来研究地理。这些经验丰富的老师分享了一个全新的教学环境——大规模的综合性团队教学网络平台，老师们志同道合，重视孩子的全能发展。

毛利西奥和迭戈在重视合作和创意的环境中工作，他们的小团队是大网络的一部分，他们的组织鼓励和支持师生们的积极行为。就在一年前，这个团队在为急需帮助的学生提供帮助时还有一种照本宣科的无助感。对于毛利西奥和迭戈来说，奥索新技术代表着超越过去的重大突破：新的目标和期望、小规模的个性化学习环境、不同的共享的教学方法以及新的合作教学角色和评估策略。所有这一切均由共同的平台维持，因而保证了学生的可持续参与。

奥索新技术的发展证明了一点：在不同的组织中与不同的人在一起，会彻底改变一个人的团队动力。管理大师爱德华·戴明说："糟糕的体制会屡次打败一个优秀的人。"新技术和类似的网络平台表明，反过来也是如此——一个好的体制可以帮助优秀的人成就大事。

20年来，美国教育一直把目光局限在个人考试成绩上。美国企业很长一段时间来，一直专注于个人绩效评估。网络在商业和教育方面的成功表明，系统建构者是领导者的首要角色，他们要合理地构建工作环境、人际关系网和企业文化。作家兼顾问尼尔斯·弗莱格说道，"工作重点应该放在体制而不是人上。"他补充并强调，"领导层的工作重点必须放在改善体系上。"

重塑学习：本地学习网

匹兹堡有着从钢铁到计算机算法等制造产品的传统。当格瑞博基金会的执行理事格雷格贝尔想到在大匹兹堡地区开创学习的未来时，他决定不引进国家的校园网，而是发挥当地优势。贝尔和他的同事们建立了"重塑学习"，一个由250多所学校、图书馆、创业公司、非营利组织和博物馆组成的区域网络，为儿童和他们的家庭提供平等的机会，使他们能够利用技术、艺术、学习科学、多样化环境获得相关的、有意义的学习体验。

十年来，为了孩子们，"重塑学习"致力于为当地的社会服务部门充电。"我们相信，为了真正让孩子为明天做好准备，我们不仅需要向他们提供深层次的学科知识和高科技工具，而且需要培养他们必要的技能、创造力和同理心。只有这样我们才能创立富有同情心的、可持续发展的世界。"贝尔说道。

格拉布尔、麦克阿瑟和匹兹堡基金会等已经投入了5500多万美元，推进大匹兹堡的创新教育。他们的标志性活动为"重塑学习日"，"重塑学习"被誉为是世界上最大的教学和学习的开放机构。管理网络的斯普劳德基金（The Sprout Fund）在《重构学习手册》中记录了所宣扬的基于项目的真实学习机会。该手册是学习创新生态系统的秘诀。

网络信任生态系统

20世纪90年代，巴里·舒勒目睹了交互媒体、计算机能力、图表算法及超链接的兴起，并建立了一个组合这些工具的公司——流星公司。之后流星公司出售给美国在线（AOL），舒勒继续为美国在线提供帮助，使之成为一家媒体巨头。舒勒现在是新科技联盟的董事会主席，他说网络并不是伴随着互联网而来的，从哲学上说，网络是世界上最古老的思想，并以宗教的形式表现出来。

在现代互联网经济中，有许多信任生态系统的例子。"有了宽带和网络连接，我们看到网络效应在全球范围内迅速升温。"舒勒说道。在一个陌生的机场着陆后，你按下手机上的按钮，走到一个指定的地点，一个你从未谋面的人将会迎接你并将你带到指定的地点。因为司机已经看了你的评分，他相信你会衣冠整洁、有礼貌，并支付给他报酬。反过来，你也信任他的五星信用评级。易贝、亚马逊和阿里巴巴等在线市场每年通过评级系统和持续交付，促进买家和卖家之间的信任，为数万亿美元的零售交易提供便利。

你是否听说过数字货币比特币？比特币基于区块链，是一种开源分布式分类账系统，可以促进各种交易和交互的协作与跟踪。区块链不像银行经理那样被信息中间商所控制，而是将交易记录分发给感兴趣的每一方。它创建了一个信任协议，无须第三方即可实现商业交易。包含区块链的新服务将改变金融服务、音乐和教育。

在当今的教育中，成绩单是学习的原始货币。一份简单的课程和学分记录，最终可以帮助我们拿到学位。但是越来越多的证书、更小的被称为"微证书"的技能演示，以及其他学习工具正在数字档案和包括领英在内的专业档案中得以共享。

随着基于印刷的学习向数字化学习的转变，关于每个学习者的数据量都在呈爆炸式增长。但是学习者缺乏系统的方式来分享他们所知和可做事情的记录。教育机构和招聘实体没有一致的方法对学习者的学习经验和学习演示进行验证。包含区块链等信任协议的平台将在未来几年内改变这种状态，只需点击验证几下即可验证学习者的学习经历和申请人的演示能力。

区块链不仅可以提高凭证数据的可信度，还可以提高安全性。由于区块链的副本分布在许多地方而非某个中心位置，因此它本质上是防篡改黑客的一个节点，数万个节点将拒绝被操纵的记录。

许多新的应用程序被用于确保健康和财务数据的安全；随着越来越多的教育数据通过区块链传输，类似的应用程序将被用于防止身份盗窃。

尽管网络平台为我们的生活增加了便利和人脉，交易也变得更加安全，但仍可能产生意想不到的后果。社交媒体网络上"假新闻"的泛滥就是结果之一。拥有人工智能的平板电脑已经了解了我们每个人的偏好，并提供了更多我们想看的新闻和故事。因此，我们生活在由精心策划的兴趣和算法驱动的信息沟壑中，正如电台主持人保罗·哈维所言，我们不太可能得到"故事的后续部分"。平台运营商正争相添加真相算法，以解决假新闻问题。这个带有警示性的故事表明，在保持客观的同时，我们需要不断保持警惕，以避免算法的盲目性和无意识的偏见。

动态网络

"脸书没有固定版本。随时都可能有1万个版本，"首席执行官马克·扎克伯格说，"只要有必要，所有工程师都可以用1万或5万个人进行测试以获得好的结果。然后，他们读出我们所关心的所有指标：人们如何进行联系和分享，人们会不会有更多的朋友，这会提高效率吗？如果测试奏效，工程师就把这个想法交给经理，将其纳入基本代码中。如果测试不奏效，他们将其添加到失败的测试文档中。"

脸书的用户群已接近20亿，如今仍是一个动态网。扎克伯格表示，他的目标是"尽快了解我们的社区需求"。有三件事让脸书的学习战略得以实现：一是鼓励人们尝试新事物的文化，二是允许人们做某事所需的基础设施（同时运行1万个版本），三是有助于测试试验有效性的测试框架。

学会引领网络

作为驻阿富汗美军的指挥官，斯坦利·麦克里斯特尔很快便意识到反对派更像网络而非军队。他意识到"为了打败网络敌人，我们必须使自己成为一个网络。我们必须想办法保持我们传统的专业能力、技术能力以及必要时压倒一切的力量，同时达到只有网络才能提供的知识、速度、精度和协调努力的水平"。麦克里斯特尔总结道："当我们学会建立一个有效的网络时，我们也学会了引领这个网络——这个网络是各种各样的组织、个性和文化的集合——这本身就是一项艰巨的挑战。这场斗争仍是一场正在进行的全球冲突史上不可言传的重要篇章。"

　　大多数学校的网络不具备这三个特性。例如，乔布公司是一个由劳工部管理设立的教育和职业技术培训机构，旨在为全国125个中心的6万名年龄在16—24岁的青少年提供服务（其中约70%由承包商管理）。这个善意的17亿美元的项目为每名学生的花费超过2.5万美元。它声称是"采用整体的职业发展培训方法"，但我们看到的网站着实令人沮丧，国会制定的法规扼杀了其创新性，这与网络的适应性、新颖性和动态性背道而驰。乔布公司有成千上万名优秀教师，但是他们陷入了一个以法规为导向的体系中，缺乏文化理念、基础设施和数据库信息，而这些都是推动脸书等网络平台向前发展的要素。

　　正如一位十分有影响力的投资者所说的那样，尽管"共同核心运动"在过去的几年里抽取了大量的创新氧气，但领先的学校网络也已经推进了许多新的项目。我们不得不承认的是，科技创业公司之所以在本质上比在更规范的公共教育环境下成立的公司更具活力，一个很重要的原因在于他们所处的环境更加安全、公平、不受干扰。但是，越来越多的学校网络试图像脸书而非乔布公司这样运作。他们提供了四条关于动态网络的经验。

动态网络的颠覆式学习　"学习集合"（Learning Assembly）是由比尔及梅琳达·盖茨基金会支持的七个学校支持组织组成的网络。该网络共享创新教学实践和工具试点的方法和基础设施。网络工具包允许课堂教师支持试用者完成从试点规划、支持实施到报告结果的系列流程。2016—2017学年，该网络在195所学校中应用和测试了100种工具。

由于新技术联盟中的教师能够编写或修改项目，网络会随着课程单元库的增加而进行颠覆式创新。莫瑞西·欧拉格（本章前面讨论的奥索新技术的艺术老师）可能是美国唯一一位教授生物学综合课程的艺术老师。他所构建的项目对网络和所在领域做出了独特贡献。

外学内用　智能网络利用一切机会学习网络之外的发展。"和谐公立学校"是一个由54所学校组成的得克萨斯州网络，其使用了一大笔联邦拨款，将项目式学习添加到以科学、技术、工程、数学为中心的个性化学习模式中。

在密尔沃基，卡门科学与技术学校在他们的大学准备项目中增加了职业和技术教育。

在洛杉矶机场以南的一间不起眼的活动教室里，达·芬奇学校采用了一种混合和个性化的学习模式，服务于短期和长期学生。该提案是赢得超级学校项目拨款（XQ）1000万美元资助的10个提案之一。

更新基础设施　得克萨斯州的大型学校网"理念"（IDEA）将混合式学习添加到高绩效的基础教育模式中。和波士顿的竞争教育一样，"理念"也在美国的大学进行试点（南新罕布什尔大学的一个创新项目）以拓宽学生接受高等教育的机会。

继个性化学习的本地创新浪潮之后，国家"力量计划项目"（KIPP网）鼓励使用数字平台来扩大核心课程和性格发展资源的效益。该网还为毕业生注册、就读和完成大学学业提供联系和支持。

新科技联盟更新了他们的项目式学习平台艾科（Echo），允许5000名从事基础教育的教师共享基于项目的课程、课堂资源，并借助使用网络获取的徽章和集体学习经验来支持个人的专业发展。

慷慨的分享　动态网络对网络内外做出的贡献进行鼓励和奖励。"成功学院"（Success Academy）建立了一个庞大的学校网络，帮助居住在纽约市区的低收入家庭学生超越郊区的孩子，并通过一个教育机构与世界分享这个模式，该教育机构公开提供了成功模式的结构和组成部分。

顶峰公立学校是由14个创新型西海岸中学组成的教育机构。他们的学习平台目前得到了扎克伯格的投资，全国有100多个教师团队共享顶峰学习项目。

这些动态网络注重贡献而非控制，强调透明度，并慷慨主动地分享经验和能力。

拓展阅读

1. https://news.wharton.upenn.edu/press-releases/2016/06/networks-and-platform-based-business-models-win-in-the-digital-age-according-to-a-new-study-by-the-wharton-school-of-the-university-of-pennsylvanias-sei-center-for-advanced-studies-in-m

2. http://www.gettingsmart.com/2016/07/learning-engineering-making-its-way-in-the-world

3. http://www.gettingsmart.com/2017/08/activating-a-network-relationships-trust-and-being-selfish

4. http://postsecondary.gatesfoundation.org/podcast/episode-5-voices-asugsv-expanding-opportunity

5. http://www.gettingsmart.com/2017/05/michael-crow-on-whats-next-in-highered-and-the-edtech-tools-it-will-take

6. http://latinoartcommunity.org/community/ChicArt/ArtistDir/MauOla.html

7. http://www.gettingsmart.com/2017/05/transforming-border-learning-experiences-new-tech-network-in-el-paso

8. https://www.ted.com/talks/nicholas_christakis_the_hidden_influence_of_social_networks/transcript？language=en

9. https://blog.deming.org/2015/02/a-bad-system-will-beat-a-good-person-every-time

10. http://interactioninstitute.org/organize-for-complexity

11. http://www.gettingsmart.com/2017/06/getting-smart-podcast-barry-schuler-on-the-power-of-networks

12. Don Tapscott，Alex Tapscott，and Jeff Cummings（2016）．BlockchainRevolution：How the Technology Behind Bitcoin Is Changing Money，Business，and the World．New York，NY: Portfolio.

13. https://mastersofscale.com/mark-zuckerberg-imperfect-is-perfect/

第 3 章

学习平台

如何改变教育

　　1994年，保罗·魏泽曼是进取号小学（Enterprise Elementary School）的创始教师之一（没错，西雅图地区学校就是以《星际迷航》中的星际飞船命名的）。由于每两个学生就有一台电脑，并且《时代》杂志的封面上印有"WWW"（环球信息网的缩写）的字样，保罗明白其五年级的课堂项目式教学所面临的挑战已经从信息稀缺问题转向了信息丰富面临的问题。在一个关于古埃及的项目中，学校所面临的挑战已经由在图书馆里搜寻几本关于埃及的书转向了整理和整合埃及的在线资源。保罗的洞察力改变了他的课堂，也启发了他的上司。

　　魏泽曼的课堂激发了"一所学校能在互联网上运作吗？"这个问题。汤姆参观了附近阿德莱德小学迈克·法林五年级的课堂并描述了这所学校的优点：与课堂授课和教科书相比，学校改变了学生的学习方式和学习时间。汤姆解释道，像迈克这样很棒的数学老师可以接触到成千上万的学生，而且仍然可以与全州的学生进行一对一的交流。"因为学生可以以自己的速度进步，网络学校会同时为领先和落后的学生提供服务。"汤姆解释说。

在首个网络平台白日梦建成后不久，网络学院（Internet Academy）就成立了。弗伶是两位勇敢创立网络学院的教师之一。在为华盛顿州学生开设了一年网络高中课程之后，网络学院增加了小学的课程，并成为美国第一所基础教育网络公立学校。20年后，迈克仍然在网络学院担任教师和课程总监，他支持了新一代网络全职和业余学习者。

十几个当地、地区和国家竞争对手加入了为华盛顿州服务的网络学院。然而他们仅影响了一小部分学生。总的来说，这些在线学校并未改变学生的学习方式，反而被指责导致许多学生学习效率低下。

哪里出问题了？作为技术乐观主义者，20年来，我们一直在思考令人失望的在线学习结果（正如下面所讨论的那样，技术整合能力薄弱使然）。归根结底，这是工具不力、强大的约束以及人性使然。

在线学习的第一个问题是平台形式不佳，它们的发展常常落后于社交媒体5年的时间。大多数在线内容并不比数字化的教科书好多少，而且大多数测验都是单项选择。虽然"智能化"曾预测，学习平台会促进定制化、均衡化并激发人的积极性，但他们在这些前沿工作上还未做出很大改进（以后会做得更好）。

在线学习的第二个问题是，其部署仍然受到诸如校历、基于学科的课程以及同步课程中的年龄群体等传统和政策约束的限制。在许多州，进行高难度研究的学生获得的资金和资源较少。与传统学校相比，在线特许学校往往资金不足。困扰在线特许学校的一个罕见的问题是，它们出于善意的授权阻碍了它们在网络环境下成功筛选成功学生的可能性，同时又妨碍了恰当的定位（因为制定这些规则的目的是防止筛选出能力较差的学生）。

以下是网上学习成功和失败的案例。约瑟就读于某中学，已经和妈妈搬了两次家。经过几次搬家学习成绩一再落后，后来他转入了一所新高中，并在读写和数学方面分别落后了正常学生两年和三年。他被同学欺负，产生厌学心理。一年后，他的母亲为他报名上了一所在线学校（学校在招生方面很独特，因为根据许多国家的在线教育机构报告，绝大多数学生报名晚，入学时间也远远落后）。由于他报名晚，约瑟并未从探讨在线学习的要求和成功所需要素的面谈中受益。由于约瑟有自己的学习进度安排，他在数学课程上取得了进步，并且补上了落了两年的课程。尽管取得了这些进步，但他仍然在春季考试时落后于正常课程一年，而州问责制更注重熟练度而非提升度。英语读写对他来说仍然是一项持续性的挑战。约瑟只是不喜欢读书，他以前从来不上学校的英语课。尽管在网络上取得了一定的进步，但他未通过自我调控进度的网络课程，目前在阅读和写作测试上落后了正常课程三年。尽管这所学校使约瑟在数学课上进步显著，但在州问责制方面却不合格。约瑟再次转学，进了一所新高中，这所网上学校却因毕业率低而受到处罚。

在线学习的第三个挑战是，对于大多数人来说，学习是由人际关系激活的。只有少数人会因为热爱物理课本或网上课程而努力学习，对于大多数学生来说，学生的学习动机和老师的投入程度有很大关系。在线课程取得成功时，经常会听到学生将其与老师的亲密关系视为原因。像约瑟这样的在线学生需要学校里的一名倡导者来监督他的进步，帮助解决他缺乏参与的问题——不管是优质的在线学校还是传统学校，但是远程教学时难度更大。

目前大多数美国学校的学生都接触到了高科技。廉价电脑的迅速普及提高了每两个学生中拥有一台电脑的比例。大多数中学至少部分采用了学习平台——要么是自上而下地订阅网络平台，要么是各个教师采用的免费平台。尽管在网络接入方面取得了进展，但在技术部署上通常达不到预期。

为什么技术未能改变教育？在线学习的缺点在于其更适用于所有的中小学教育。让我们从第一个原因说起——工具仍然有待于完善。

网络平台的瓶颈

千禧一代颇有感触地回忆起，即20世纪八九十年代，他们玩俄勒冈小道（Oregon Trail）、玩超级机器（incredible machines）。为了玩这些电子游戏，他们购买了用塑料薄膜包装的盒装光盘。20世纪90年代末互联网上免费游戏的兴起在很大程度上扼杀了学生对学习游戏的投资。

如今，随着教育技术（EdTech）成为头条新闻，人们很容易忘记，10年前在这个领域并没有风险投资。事实上，直到2008年底才有教育技术风险基金。起初是教科书出版商开始进行一些教育投资，但是很少有在教育技术行业起步创业的。教育投资与消费者互联网、企业工具和生物技术的爆炸性投资相比是落后的。

从2008年到2018年，教育技术风险投资从几乎为零增长到每年30亿美元的全球学习创业投资资金（其中10亿美元在美国）。这听起来很多，但这是一个有着5万亿美元的行业。2017年仅卫生保健投资在美国就高达70亿美元。

包括科瑟拉（Coursera）、易迪克斯（edX）、技能共享（Skillshare）和优得美（Udemy）等平台已经改变了非正式学习和职业教育。维基百科和YouTube使人们几乎可以学到任何想学的东西。在美国，使用多邻国（Duolingo）学习语言的人比所有的高中生数量都多。

大多数的高等教育机构已经采用了学习管理系统（LMS）。黑板、画布（仪器）、亮光空间（D2L）和莫多（Moodle）占据了学习管理系统市场80%以上。这类应用可能提高了学习成效和效率，但多数还未实现转型。从长远来看，学习管理系统的采用并未显著改变高等教育的价格、获取或质量。

学习管理系统在基础教育方面的渗透率较低（尤其是小学阶段），但是像爱默多（Edmodo）和谷歌教室这样的轻量级工具被广泛使用，在过去几年里随着廉价的谷歌笔记本电脑的广泛采用，其使用率迅速提高。与高等教育一样，大多数基础教育平台的部署都是将技术整合到旧体系中，但它们并不改变核心学习过程。这些平台促进了教科书的替换和开放内容的使用，其所具有的更强的部署能力支持一定程度的个性化学习，并通过让学习者随时随地学习，拓展学习的机会。

平台已经相对迅速地改变了商业和消费空间。为什么平台在教育方面影响缓慢？

提供教育等公共服务与B2B（Business to Business）或B2C（Business to Consumer）市场全然不同。在高效的B2B或B2C市场中，企业可以快速部署产品，反馈迅速且直接，规模得到回报，资金流向有前途的投资。在一个"赢家通吃"的环境中，使用廉价设备和无处不在的宽带可以在早期的有效平台上获得回报（如优步提供的服务、苹果公司提供的操作系统以及亚马逊等零售商）。

公共服务以政策为框架，并由当地州和联邦投资共同支付。它们应该提供公平的服务，但总是伴随着很多附加的条条框框。在过去的20年里，许多联邦项目都是建立在以往美国本土教育控制的特殊基础之上的，这导致了不同于有效的消费市场的零散监管。

学习平台面临的问题

大多数学习平台落后于消费者平台达5年之久，原因有很多，包括采用和采购过程复杂、投资和创新少、相关章程要求以及需使功能与特定的教育形式和水平相匹配。三大挑战包括：

不可携带性 正式学习和专业学习方面的平台更新表明，人们更加注重学习经验、个性化学习和其他可选指令（如强调建立学习档案和获得微证书）。然而，很少有平台提供可携带的、类似于脸书一样让用户可以自由定制和分享体验的平台。

不够智能　尽管分析和人工智能在消费者平台上得以广泛应用，但自适应技术、数据分析和智能推动在改进学习行为方面的应用却少得令人吃惊。它们并未被嵌入平台中，而是通过特定的工具（例如小学数学中的Dream Box和高等教育中的Civitas数据工具）被越来越多地添加到学习环境中。

不可互用性　虽然内容管理系统使更加混合和匹配的学习成为可能，但是许多评估管理系统仍然是一个私有的"隐秘花园"。现代学习者们从嵌入数字体验的评估中得到更多反馈，但是仍然很难将多个来源组合成精通的跟踪和报告系统。

但这不仅仅涉及很多人指责的官僚作风问题。有两个关键因素使得教育有别于消费者网络。首先，它是强制性的。学生必须出席，教师必须使用平台，这可能会抑制人们对高参与度的体验和对环境的需求。师生们经常为功能欠佳的工具所累，他们更愿随心选用适合自己的工具。

对于目标明确的专业人士而言，目标导向型行为可能会取代强制性的需求，使他们能够艰难地完成单调的连续在线课程。但是自我激励、自我指导型的学习者是十分罕见的，对于大多数人而言，学习是一种团体中的交互行为。这就为我们引出了第二个区别，教育是一项复杂、长期、多维度的任务。从本质上来说，教育是个媒介事业。

新产品创造新机会，但这要求学校、地区和网络采用新的工具，设计和部署新的学习体验。转型需要重新定义与平台功能相匹配的学习体验。我们讨论过的许多网络都试图创新学习体验和平台，同时承诺实现个性化学习。他们将共同的目标和文化、有效的工具和专业的学习机会有机结合在一起。

加利福尼亚州圣塔安娜的萨缪莉学院等学校直接向人们展示了网络的力量。一群社区领袖选择了一个经过验证的学校模式，雇佣了一名有才华的员工，目前正在为最需要的年轻人提供重要服务。新技术联盟使用的艾科（Echo）学习平台反映了平台的其他特点。和那些可以彻底改革服务交付的平台不同，教育涉及人际关系。网络平台可以增加新的学习体验，但是这种体验只能在持久的人际关系、关怀的环境和以学生和教师为中心的背景下才能发生。

阿尔特学校（Alt School）

旧金山创业公司阿尔特学校在旧金山湾区和纽约经营着四所小型小学。阿尔特学校团队没有推出数百家品牌店面学校，而是将平台授权给新的、现有的"合作伙伴"学校。

阿尔特学校的学习者体验是由谷歌的上一任个性化主管马克斯·文蒂拉创立的，这是一个现代化的蒙特梭利模式——提供个性化的学习环境，侧重于整个儿童期的发展。在这样的环境里，学生们只要准备就绪

就能继续学习。学习是情境化的，突破了传统的教室范围。有35～100
名学生在混合年龄段的学习环境中学习体验。

　　马克斯最初聘用了优秀的教师，并尝试从他们的工作中进行反思总
结。他们让工程师们在课堂上对实践进行编码，发现了许多差异，这
些差异使他们难以实现提高教育者工作效率的承诺。他们建立了一个基
于学习周期的基础课程，鼓励学习者通过参与现实世界的调查进行主动
学习。

　　该平台不需要单一的学习模式，但对学校来说是最有价值的，并致
力于通过"全人教育"的个性化学习培养学习者能动性。阿尔特学校的
团队努力保持解决方案的简单和直观，无须过多培训。2018—2019年的
学校合作伙伴计划目前包括私立学校，也可能包括几所进步的特许学校，
最终目标是支持公立学区的发展。

萨缪莉学院（Samueli Academy）

　　圣塔安娜是加利福尼亚州奥兰治县人口稠密的城市中心。10年前，
当地的慈善家苏珊·萨缪莉和桑迪·杰克逊呼吁社区关注低收入家庭和
寄养青年的低毕业率事宜。他们寻找能使学生最大限度提高注意力的教
育模式，提供真实的、基于项目的学习机会以及令人兴奋和满意的课外项
目，倡导基于工作的学习及大学和职业准备。后来他们找到了新技术联盟
并成为其成员。在申请并获得执照后，他们于2013年开办了一所高中。

　　萨缪莉学院招收的480名学生主要来自低收入家庭。校园里有一个
由80名被收养青年和他们的监护人家庭居住的村庄。他们专注于吸引学

习困难的人并帮助所有学生为大学做好准备。萨缪莉学院的学生毕业时需提交一份为期四年的代表作品集。执行理事安东尼·萨巴认为，新科技联盟走向了正轨并为所有孩子找到了解决问题的答案。这些孩子不仅包括教育水平低下地区的孩子，而且包括其他的孩子。

与简单的消费者应用程序不同，学习更具挑战性。学习需要熟练的学习设计、持续的人际关系、变革的文化以及支持这三个组件的工具。学习还需要专门技术进而通过技术工具来辅助学习。学校网络通过分享学习模式、平台工具和教师支持来应对这些挑战。

学习者档案将为个性化学习提供动力

随着学习科学、技术和标准的进步，学习平台将改变教育，推动个人学习之旅。下一代平台将易于配置特定的学习和学校教育模式，也使得从众多学习环境资源中收集数据并支持教师和学习者社区变得容易。

反馈 决定学什么、与主题建立关联、收集有价值的反馈，这些都是学习任何东西的关键。在美国，基础教育阶段的学生可以少用标准化考试，使用更频繁和有价值的反馈。从每天对写作和解决问题的反馈，到每周对协作、工作习惯和项目管理技能的反思。自动化和生物识别反馈会有所帮助，随着时间的推移，简单的调查和反馈系统也会有所帮助。经常向受众群体展示和发布工作进展有助于保持质量标准的真实性和动态性。

互操作性 大多数美国学生每周都能从多种形式的教学反馈中受益，但这些反馈很少能以统一的方式进行传递，也很少能灵活地在不同的课程、平台和技术系统中进行组合。这需要技术供应商允许学校访问他们的**数据**，并与其他供应商共享数据（如同每个物流公司都统一使用标准集装箱一样）。

除了标准一致外，人工智能还将通过分析击键数据（匿名）大数据集找到各种形式的评估和反馈之间的相关性。"超级分数簿"会自动将许多不同类型的形成性反馈组合到掌握跟踪器中，反过来可以生成简单的可视化数据。这一重要的实时信息及其提供的推荐引擎，将有助于为学习者提供信息，帮助教师共同构建和管理个性化的学习旅程。

调度 如同我们并不是整天只跟30个学生打交道一样，这些学习经历并非孤立进行，而是高度社会化的。许多学习者将参与项目团队，从技能组的辅导中获益，与世界各地的其他学习者联系，并参与社团的艺术、文化、工作和服务学习体验。动态调度（以及自动驾驶汽车的网络）将有助于管理复杂的日程安排，有了定位意识，平台将会识别实时学习机会（例如：当你经过一个正在进行展出并对你项目有所帮助的博物馆时，你会收到通知）。

动机 不同年龄的人被不同的经历所激励，也被不同的兴趣所吸引。学习和行为科学将继续解开人类行为的奥秘，尤其是一系列让人获得毅力并提高其表现的经验动机档案。

可携带性 在基础教育和终身学习中，个性化和基于能力的学习将通过全面的学习者档案来实现。这些大型的便携数据集最有可能通过使用区块链进行移植，区块链是一种安全的分布式学习分类账（如第2章所述）。他们将包括一个更小的官方数字记录（我们称为数据背包），里面包括更多有价值的信息，在新学校的第一天即为老师提供更多有价值的信息。

此外，父母和年长的学习者将管理一个综合的用户资料库，里面包含从数字学习体验和学习产品文件夹中下载的数据，这些数据代表了他们的最佳成果。学习者和监护人可与导师、课外项目、暑期学校和在线教育提供商分享部分资料。

用户界面（UI） 对于一些学习者来说，语音、手势或视觉的突破可能会带来变革性影响。伊隆·马斯克的新公司"神经链"（Neuralink）解决了如何在神经技术和计算机接口之间建立直接关联，使得我们能够通过意念控制电脑。

社会和情感学习支持。英文为Social and Emotional Learning，简称SEL。新技术使多数工作得到了升级，社会意识、同理心和人际关系管理等能力也变得越来越重要。通过有效途径帮助年轻人培养自我管理和社会意识将是一个突破。我们看到早期形式的社会情绪能力学习已经整合在越来越多的学校课程里，生物传感器、反馈系统及数字助理的智能推送等工具可能会成为社会和情感学习支持的一部分。

辅助技术 移动和触摸技术的出现对有特殊需要的年轻人来说是天赐良机，对孤独症患者来说尤为如此。用户界面、翻译、文本到语音和语音到文本服务以及社会和情感学习支持方面的进步将帮助不同的学生学习。

随着这八方面的进步，网络平台将使教师团队更容易与年轻学习者携手，并为其创造有效的学习机会。

拓展阅读 ────────────────────────

1. https://marketbrief.edweek.org/marketplace-K-12/size_of_global_e-learning_market_44_trillion_analysis_says

2. https://www.svb.com/healthcare-investments-exits-report

3. http://mfeldstein.com/state-of-the-us-higher-education-lms-market-2015-edition

4. http://www.gettingsmart.com/publication/data-backpacks-portable-records-learner-profiles

如何高效教学

Transforming Schools

第 4 章

高效学习
个性化项目式学习

伊莎贝拉在凯瑟琳·史密斯小学的入口处迎接了我们，这是一处位于加利福尼亚州圣何塞东部一个低收入社区附近的建筑。她带领我们到她五年级的教室，在那里她分享了一份作品集，并自豪地指向了她那篇成为优秀作品范例的有说服力的文章。这篇文章讲述了一位被诊断患有罕见癌症的同学。伊莎贝拉解释了她的老师如何帮助全班学生制定一个有关癌症本质和潜伏期治疗的驱动性问题计划。这个问题确定了一系列项目目标，包括用来为生病的同学筹款的有说服力的文章。

凯瑟琳·史密斯小学是常青校区的一所社区学校。2012年，这所低绩效学校专注于低水平任务和应考。亚伦·布兰加德校长接手后，认识到需要针对学习者体验进行大的转型，并将参与项目式学习（PBL）视为可选解决方案。他带领团队来到巴克研究所（Buck Institute）主办的"项目式学习世界"大会（PBL World），以探究项目式学习是否可行。当布兰加德向员工介绍这个想法时，他对即将发生的变化非常清楚，因为他想确保教育工作者对即将出现的转变能够欣然接受并怀有新鲜和兴奋感。

2013年，布兰加德和学校负责人参观了纳帕新技术高中（Napa New Technology High School），并在学区支持下实施了新技术教育模式。与新技术联盟的合作随之展开，凯瑟琳·史密斯小学成为新技术联盟的首个小学成员。从一小块测试准备到大问题、真正的工作和公共产品的过程并不快，也不容易。然而，将项目式学习与整个学校模式相结合，在这所学校的转型中发挥了关键性作用。经过多年的辛勤工作和多次迭代，凯瑟琳·史密斯小学的学生有了一套自己专属的学习方式。他们设定目标、制定明确的学习计划、产出高质量的作品，将它们呈现给学校社区，并统一纳入到一个作品集中。

尽管多数学生面临诸多挑战，但从你踏进凯瑟琳·史密斯校园的那一刻起，你能明显地感受到学生的主动和自信。他们担任大使和导游，学校领导对他们的能力也有十足的信心。

校长布兰加德在纳帕新技术高中看到了一个学生大使计划，并满怀热情地将此创意带回给自己的员工尝试。除了展示史密斯学校的学生工作，布兰加德希望学生大使计划可以增加学生能动性和社会归属感。通过学生大使项目，学生学会规划和管理日程，并练习演讲、倾听和促进旅游技能。每个学生作为大使设定个人目标。一名在演讲课上努力改进的学生认为，为陌生人当向导是提高公共演讲技巧的好方法。每次访问后，校长布兰加德会听取"大使们"的汇报，并询问他们学到了什么，下一次如何做得更好。学生有发声和选择的权利，有真实的任务，他们得到评价和反馈，并在体验后进行反思。

凯瑟琳·史密斯小学是我们所目睹的个性化项目式学习的最佳案例之一。该学校与其他学区的学校一起加入了新科技联盟共谋发展，并与采用国家模式的其他小学一起学习。

新技术联盟：故事起源

1996年，纳帕当地商人齐聚纳帕学区，创办了纳帕新技术高中，让学生在那里学习新经济时代成功所必需的技能。保罗·柯蒂斯（现任新技术联盟平台开发主管）等是纳帕的创办教师，他认为20年前的纳帕新技术高中与其他学校相比有三点差异：学校规模小，每个年级大约只有100名学生；综合课程以项目为基础；每个学生拥有一台电脑。

在参观过程中，你首先会注意到一种双重教学，这种教学将传统的独立科目合为一起。教师们共同设计相关项目，将数学、科学、英语和社会研究等不同学科的学习目标结合起来，学生们通过团队合作进行可持续数周的项目，并发表论文、进行工作陈述。教师针对每个项目的沟通、协作、认知和批判性思维进行评估，同时对学生的个体能动性（倡导个人成功、按时完成工作、尽力而为、坚持克服困难的能力，卡罗尔·德韦克称之为成长心态）进行评估。

在前几届毕业班取得优异成绩后，为促进其他学校效仿，2001年成立了一个非营利组织。在比尔及梅琳达·盖茨基金会600万美元的资助下，新技术联盟计划在三年内开办14所学校。联盟创始人颇有远见地鼓励在使用项目式方法的同时使用通用工具，使之成为教育界的第一个平台网络。

第一批紧随其后的学校之一是萨克拉门脱的新技术学院，新技术联盟的首席运营官蒂姆·普莱斯多是学院的创始教师。如今约200所学校加入了新技术联盟，其中90%是公立学校（剩下的10%是学区的特许学校）。新技术联盟并不经营学校；学区与网络通过合作，为学校提供教学设计、规划、培训和指导。

"我有幸成为新技术联盟创办的第三所学校的其中一员。"普莱斯多回忆道，"蓦然回首，目前加入联盟的有近200所学校，能与联盟的老师和领袖们共事学习，这是多么有意义的事情！我感到我已经是这场运动中的一分子了……现在已经远远超越了当时的效仿，我们与学校与校区合作的真正价值在于通过网络建立了联系并携手开发了网络学习资源。"

加入新技术联盟的学校共享基于项目的学习模式和支持综合化应用学习的带有双重模块的学校设计。这是个复杂的项目，提出重大问题并要求高质量的公共产品。由于关注深层次学习和学校的学习成果，加入新科技联盟的学校激发了学生的主观能动性，学生们获得每个项目的反馈（以及交流和内容知识）。由于设计的多样性，网络展示了附近学校和经严格筛选的学校的精确性、相关性以及关联性之间的优势。

新技术联盟的学习模式由艾科提供支持，艾科是一个具有很多项目的学习平台，教师可以通过该平台进行评量，给出学生大学或职业所需的深度学习技能的标准成绩单。新技术联盟是第一个共享学习的网络平台，现在被众多学区和网站所采用。

新技术联盟与学区展开多样化的合作，支持学校创新，开发变革管理技能。现场和虚拟的指导以及国家和地区的集会提高了教师和校长的能力。

克罗斯郡高中（Cross County High School）

在阿肯色州南部的农村，克罗斯郡高中（CCHS）作为新技术联盟的一员，在成功为学习成绩低下的学生弥补机会差距方面得到了人们的认可。

该地区经济落后、人口稀少，学区面积300平方英里。农业是这一地区的主要收入来源。不耕种的人要开很长时间的车去上班。已经退休的克罗斯郡高中负责人卡罗琳·威尔逊说："对于大多数学生来说，高等教育现在是步入中产阶级的必要前提，我们的学生若要在高等教育领域取得成功需要有人提供帮助。"

为了应对大学低入学率的问题，克罗斯郡高中在2014—2015学年发起了学院和职业准入计划（C³），该计划为学生和校友提供指导和支持，使他们能够参与公平竞争。

支持包括以下内容：

• 精心设计课程、实施战略和指导，以帮助学生尽可能认识到高等教育的经历对他们来说是可实现的；

• 实施旅行计划，向学生展示什么是可能的，包括为每位初中和高中生规划大学旅行考察；

- 为学生、家长和社区成员提供必要的资源和指导，帮助他们周围的人实现目标；
- 为所有11年级的高中生设计和开办大学及职业课程；
- 为所有11年级的学生规划工作；
- 考前为学生提供美国大学入学考试（ACT）训练营；
- 大学期间为克罗斯郡高中的学生提供指导和支持。

校长威尔逊和她的同事们知道，传统的实习是有价值的，但对于这样一个偏远的地区来说，实习在后勤保障和财政上都是不切实际的。为了解决这些问题，他们创建了一个虚拟实习项目以提供真实可靠的工作体验。在40多名得到认定的导师的帮助下，克罗斯郡高中提供了从海洋生物学到电影制作方面的实习，导师遍布世界各地。新技术联盟教练帮助克罗斯郡团队设计挑战项目，这些项目如同他们分配给学生的项目一样。员工们对于希望他们成为虚拟导师的请求得到积极响应感到惊讶和高兴。

网络产生了强大的可持续性结果：92%的学生毕业，70%的人考入大学，82%的人仍然就读于大学。所有学校都成为其社区中有价值的选择。

新技术联盟最初与高中合作，目前也吸纳了小学和初中，每年大约新增25所学校。除了帮助各个学区的新学校开展学校模式以及重新设立位于综合学校内的现存学校或学院，新科技联盟还为学区合作伙伴提供了系统级的设计和指导，创设应变管理机构，使学区可以跨区推广新技术实践。

项目式学习培养终身技能

项目使学生们通过问题、学习环境或情境，接触新的概念和技能，从而使新想法值得学习。传统的、说教式的教学方法要求学生们学习，那是因为老师要求他们那么做。这样的教学方法试图确保让学习者在问题来临之前做好解决问题的准备，这一点是行得通的。但是除非这些学习者有真正学习某些知识的理由，否则很难赋予新的信息任何意义。学习者们一般不会去主动接触了解新的信息，除非这些新信息有实用价值。因此，在特定的挑战计划中，进行即时的个性化学习支持（包括小组辅导或分配任务，并根据学生的需要提供具有针对性的教学资源）补充了项目之前的计划性技能进步。

格雷格贝尔在匹兹堡发现，项目式教学较之传统教学更为引人入胜，可以吸引年轻人到学校努力学习并坚持不懈。项目式教学也特别适合发展一系列未来的职业技能，例如问题解决、协作、批判性思维和沟通能力。

项目式学习使学生们专注于自己的成功。较之以教师为主导的学习，项目式学习要求学生独立或作为团队一员去管理一个多步骤的项目。在凯瑟琳·史密斯小学等以项目为基础的小学，其教师会比诸如纳帕新技术高中的老师提供更多的组织、指导和支持，而纳帕新技术高中的学生在项目设计上有更多的发言权和选择，也肩负着更多的管理责任。

基于项目的学习对于致力于项目式体验的年轻人来说或许是最重要的职业技能了。2/5的年轻人将通过完成一系列短期任务进入零工经济时代，也许很多人会为雇主做一系列项目。职业不再是传统意义上的职业，大多数年轻人会身兼数个项目。在一些项目中是承包商，在另一些项目中则是雇员，他们在不同阶段从事不同的工作。学习如何规划、如何管理雇员、如何管理项目是重要的职业技能。项目式学习是通过让学生参与到需要做出的学习选择中来，进而使其成为专家型成人学习者的重要途径。

对于教师来说，以项目为基础的学习，开头简单，做好却是困难的。设计可完成的高质量项目并对项目进行客观评价是一大挑战，尤其是在项目完全不同的情况下尤为如此。支持低水平技能的学生参与到具有挑战性的项目，需要浓厚的学习文化氛围、悉心的监控以及个人任务分配来缓解游手好闲的团队成员"免费搭便车"的问题。教师需要平衡教学行为，提供足够的（但不是太多！）形成性反馈和支持。另外还需要深思熟虑的设计，避免由一系列各种各样的项目造成的巨大知识缺口。为了做好这一切，教师必须学会与同行合作设计和改进项目。

新一代学校正在融合个性化学习和项目式学习的精华，以应对这些挑战。他们重视深层次学习、发展成功技能（成长心态和社会情感学习）并跟踪学生在所有成果领域的能力发展。为了给学生提供丰富多样的学习经历，他们使用多样化的分组并调整策略。他们因材施教，创建学生个性化技能熟练度指标，从而使有学习差距的学生可以充分参与到有挑战性的项目中。

个性化学习与项目式学习相结合

新技术联盟将基于项目的学习和个性化学习相结合。这两种方法可能在哲学上具有一致性，但对课堂教学实施提出了巨大挑战。老师们经常面临主动性竞争、规划时间不够、资源不足、专业发展效率低下等问题。尽管存在这些挑战，在有效平台的支持下，这两种方法的结合可以更好地激发学生的参与和准备。将这两种方法与当地人才和有限的资源相结合使得新技术联盟的努力值得农村、城市和郊区的学校效仿。

越来越多的特许学校将个性化学习和基于项目的学习进行独特的结合。最著名的是顶峰公立学校，这是一个管理着11个西海岸学校的联盟学校，为330多个教师团队中的中职教师提供学习平台，并通过一个名为顶峰学习（Summit Learning）的项目支持全国54000多名学生进行在线学习。顶峰学校罗列了四类学习体验，旨在在下面四个方面取得成果：

- 个性化学习列表，以促进学科内容知识的学习；
- 通过项目建立认知技能；
- 设置导师制度和社团时间，开发成功思维；
- 尝试将知识和技能运用到现实生活中。

与顶峰一样，布鲁克林兰博特许学校是团队同时开发下一代学习环境和平台的最好案例之一。在米歇尔和苏珊·戴尔基金会的支持下，基于艾德菲数据标准，科特思平台具有很强的可配置性。布鲁克林兰博执行主任埃里克·塔克指出："兰博越来越多地让学生参与到真实、严谨、相关的合作式项目中，这些项目是为复杂的学习者和能力不同的学生设计的。无论该项目是在为未来的高中、灾难救助中心、抗药性疟疾治疗中心制定学术方案，还是制定一个长时间生存跋涉所需物品的供应清单，兰博越来越多地使用项目来促进学习。"考虑到兰博不同类型学习者的不同需求，他们为每个项目设置多个访问入口和不同的任务，通过科特思目标的设定、调度和学习播放列表支持，使全体学生都能参与进来并取得成功。

繁荣公立学校结合个性化学习与基于项目的学习，是一个充满乐趣的圣迭戈基础教育联盟。联盟中的城市学校为各种各样的学生提供个人技能培训和扩展项目，项目最终以公共展示的形式呈现。细化的评估准则为教师们提供了关于学科内容知识和社会情感学习的反馈。繁荣公立学校的创始人妮可尔·亚西西博士针对对于基于项目式学习的"瑞士奶酪问题"的普遍担忧表示，鉴于采用的是个性化学习方式，因而没有出现学习差距的风险。亚西西说，虽然混合式学习轮流填补了内容空白，但"基于项目的学习对于调动学习者的参与性和积极性、支持真实的工作和展示是必要的。"她补充说，"如果学校只培养技能，却不注重实际应用，那乐趣在哪里呢？"

2013年，费城开办了一所实验高中，试图释放年轻人的创造潜力和智慧，以解决世界上最棘手的问题。学校每天都有两个灵活的时间段，上午学生们专注于项目工作，下午则专注于技能的培养，或以小型研讨会的方式展开。学生基于在学校掌握的应用型知识和技能以及项目的实施取得进步。通过这一设计，学校正试图证明：深度的、项目式的个性化学习对100%的高贫困度、高风险的城市学生群体是有效的,这与"不要借口"模式形成了鲜明对比。

达文西高中坐落在洛杉矶机场以南。在2017年春季的一次访问中,我们目睹了学生在人权陈述上进行合作、为当地公司设计营销活动、为社区演出制作展览、分析欧盟的财政决策、看护城市花园。在每个学生都得到赏识和关心的环境里,学生得到个性化的数学和英语指导以及全面的大学规划与安置。这四所小型的基于项目的高中被当地的小学学区所吸纳,形成了一个统一的区域,并在加利福尼亚州的埃尔塞贡多市共享一个美丽的新型综合校区。

跟繁荣高中、布鲁克林兰博学校、实验高中和顶峰学校一样,达文西是下一代学习挑战奖得主。达文西、布鲁克林兰博和萨米特获得了超级学校项目拨款(XQ)中10项1000万美元资助中的3项拨款。

为下一代学习调动支持力量

2010年,在比尔及梅琳达·盖茨基金会以及休利特基金会的支持下,"下一代学习挑战"(Next Generation Learning Challenges)启动了资助计划,为10个新突破性高等教育学位课程和58所新突破中学提供资助。另外,基金会也为数十种混合学习、开放的资源课件、学习分析和更深入的学习工具的开发提供资助。

2013年,布罗德基金会、迈克尔和苏珊·戴尔基金会增加了对6个地区的资金支持。合作组织包括城市大桥基金会(华盛顿特区)、科罗拉多教育计划、飞跃创新（芝加哥，伊利诺伊州）、新奥尔良新学校、新英格兰中学联合会（在新英格兰地区5个州工作）及罗杰斯家族基金会（奥克兰，加利福尼亚州）。

下一代模式将混合、基于能力、个性化和以学生为中心的学习整合为一个连贯的整体。受基于项目的方法的激发，该模式致力于达到为大学和职业铺路的严谨教学效果。每所学校代表着一种独特的模式，但都支持迈维斯（Myways）的成果框架，该框架由20项能力组成，涵盖了学科内容知识、创新技能、成功习惯和路径搜索能力。

由得克萨斯州54所以科学、技术、工程、数学教育为中心的学校联合组成的和谐公立学校群（Harmony Public Schools）利用联邦争冠补助金将基于项目的学习纳入他们的混合学习模式中。随着学习的频繁展示，跨学科模式被称为"学生多学科作品展示"（STEM SOS）。线上和谐学校项目式学习展示旨在促进和分享模范学生的作品，并为学生、父母、教师和其他教育工作者提供有价值的学习和教学工具。

设计科技高中（Design Tech High）使用设计原则为加州雷德伍德市的高中生提供个性化的学习体验。公司创始人肯·蒙哥马利说："以能力为基础的学习方式意味着在孩子达到目标前不放弃任何一个孩子。"老师们每周都会通过形式多样的形成性评估给学生打分，如领先、正常或偏离方向。学生的日程表是灵活的，这样可以确保每个人适时得到适当的帮助。

自2007年开始，火箭飞船公立学校群（Rocketship Public Schools）在

旧金山湾区率先推出了一种将面对面的学习和网络学习相结合的基础课程。受这一创新课程的启发，两名南非的工商管理硕士于2012年访问了该校，并在约翰内斯堡创办了星巴克（SPARK）学校。灵活的、基于能力的学习模式允许学生在阅读和数学上进度不同。他们还将设计思维项目加入到学校的课程中。在2015年的参观中，我们看到四年级的学生用可回收材料进行智慧城市的实景模型展示。

正如这些管理型网络一样，成千上万的学区将个性化学习和基于项目的学习的优点结合起来。值得注意的基本例子如下：

● 恺撒·查维斯多元文化中心（Cesar Chavez Multicultural Center）是由三栋建筑组成的初级学校，这所学校为芝加哥南部一个贫困社区的1000名学生提供服务。学生可以从成熟的项目、混合学习、自适应学习软件、拓展日等活动中受益。

● 位于华盛顿的霍瑞思·曼小学（Horace Mann Elementary）是围绕协作和联系、可持续性和管理以及选择和发明等共同价值观而在学术项目、文化和设施方面进行整合的最佳范例。这里的教师重视互补教学方法，一种为学生提供宽泛的、建构主义的方法，给予他们更多的时间使他们深入到感兴趣的领域。

● 位于密苏里州的利伯蒂希小学（EPIC Elementary in Liberty）是一所创新的、基于项目学习的学习社区，旨在激发学生的创造力和雄心壮志。修葺一新的学区办公室为300名学员提供服务。利伯蒂希小学的建筑以双重教室和合作教学、平板电脑驱动的混合学习站和拓展项目为特色。试点学校正在改变堪萨斯城郊区及更远地区的学习结构和做法。

• 39号设计校园（Design 39 Campus）是圣迭戈北部波威市的一所以学生为中心、重视设计、以项目为基础的初级学校。学生们在大的开放式教室里通过项目团队或大的分组进行独立学习。

八所引人注目的高中包括：

• 在卡内基集团的支持下，丹佛公立学校衍生出了丹佛创新与可持续发展学校（Denver School of Innovation and Sustainable Development），其设计思维是在个人学术造诣、终身学习与公民意识、创新思维与行动以及变革的领导能力这四个领域取得成果的关键。个性化学习得到了顶峰学习平台的技术支持。项目与巴克研究院合作，学生们经常在社区学习。

• 伊三公民高中（e3 Civic High）位于圣迭戈壮观的新城区。学生们通过可自控进度的在线教学、教师或学生引领的小组教学、直接指令、基于问题和项目的工作等进行学习。他们还从强力支持和拓展学习机会中受益。

• 卡斯柯湾高中（Casco Bay High School）是缅因州波特兰的一所小型的、基于项目的公立学校。学校创立于2005年，是远征教育网络的指导学校。卡斯柯湾高中二年级的学生参与了一个长期的跨学科项目来展示学习。

• 波士顿全日制学院（Boston Day and Evening Academy）采用基于熟练的教学路径，学生的进步以展示的熟练度而非出勤为基础。学生从全方位服务、创建个性化学习方法的数字工具和学校每天开放的12小时中受益。在这种模式下，自定进度的选择性教育与基于冒险的领导力培训和混合学习相一致。

● 科学领导学院（Science Leadership Academy）是费城的一所以调查为驱动，科学、技术、工程和数学教育为重点并以项目为基础的学校。学校的每堂课都验证了学生们基于调查、研究、协作、展示和反思形成的共同价值观。

● 位于休斯顿北部的凯斯特大学教育高中（Quest Early College High School）开发了一项伟大的以学生为主导的服务学习项目，大约90%的毕业生（其中许多是第一届大学生）获得了准学士学位。

● 凤凰编码学院（Phoenix Coding Academy）通过调查和基于项目的学习，聚焦计算机科学和多种技术途径。学生解决大的问题并学习如何将计算作为解决方案之一。

● 维斯塔高中（Vista High）是一所位于圣迭戈北部的大型综合学校。在个性化学习取得初步成功之后，学校申请并获得了1000万美元的超级学校项目（XQ）拨款，用这笔钱增加了基于项目的学习，致力于探索问题、分析问题，并从伦理上提出由联合国可持续发展目标提出的全球性问题的解决方案。以学生为中心的文化致力于多样化发展并培养包容性，使学生明白个性化和全球化是相互贯通的。

这些下一代模型中的许多都参考了巴克研究院基于项目学习的黄金标准。他们以独特的方式融合了巴克的基本项目设计元素：具有挑战性的问题、持续的探究、真实性、学生的心声和选择、反思、批判和修改以及公共产品。

基于项目的学习以拓展性挑战为特点，有助于促进学生广泛参与挑战，经过精心构思和支持，可以发展学生的批判性思维、创造力、协作能力以及强有力的口头和书面交流技能。项目引导学生独立工作、规划时间并跨越困难坚持下去，所有这些都是大学和职业成功的关键。通过对社区需求的关注，项目可以挖掘学生的利他主义精神。

XQ超级学校项目

我们的世界千变万化，充满着机遇和挑战。然而我们的学校往往无法帮助学生应对这些挑战。鉴于此，加之劳伦·鲍威尔·乔布斯捐赠的1亿美元，超级学校项目新方案着手重新思考美国的高中教育。超级学校项目发布了一份建议书请求，并邀请团队参加一个由成熟的知识模块支持的发现—设计—开发过程。在经过了几个阶段700多次申请后，该项目2016年宣布了10个"超级学校"受赠者。

个性化学习的目的是将学生的个体成长作为教学设计的主要驱动力，进而使学习体验适应个体学生的具体需求。个性化学习的目标通常是促进技能的发展，使他们能够足够专注于年级水平的挑战——阅读、写作、解决问题的能力，以承担复杂的项目。

正在尝试将基于项目的学习和个性化学习相结合的学区与联盟试图谋求学生兴趣和重要学习目标间的平衡，授权教师与学生成为学习的设计者，并且鼓励学生产出高质量的学习作品。通过准备与实时支持，可将基于项目的学习成功应用于所有的学生。

个性化学习的优势	项目式学习的优势
• 识别学习差距、加速技能提高 • 详细跟踪和报告个体学生的进步和表现，应对多重学习目标 • 指导和评估大学和职业所需的重要技能 • 加速技能成长	• 授权学生成为规划者，教给他们如何学习 • 把学生的热情和兴趣结合起来，开发其主观能动性和创造力 • 真实的任务为学习创造了有意义的环境，促进了其批判性思维的提升 • 提升合作和项目管理的技巧

项目式学习通过以下6点支持个性化学习方式：

• **教师的角色**：个性化和基于项目的学习将教师的角色转化为"身边的指导者"。

• **主观能动性**：虽然混合、个性化学习可以由教师指导，也可以由自适应学习算法指导，但基于项目的学习总是包含学生的发言权和选择。

• **意义**：项目创造了学习重要内容的理由。将基于项目的学习设计为以处理现实问题为目标，即"重要的不是你学了什么，而是你能用你学到的做什么。"

• **时间**："当项目能引导学生学习和自我管理时，教师可以为个人和小组提供指导。"

• **合作**：大多数项目包括让学生合作解决复杂的问题。即使是单个项目，也常常有意让学生进行协作、分享学习，并提供彼此的反馈。当学生们定期和不同类型的同龄人共事时，学校文化和人际关系就建立起来了，这会使他们的视角更为多样化，鼓励他们享受社会化的学习乐趣。

• **宽度**：项目式学习揭示了更大范围的学生的优势和弱点。通过让学生接触各种真实和模拟的项目及解决问题的场景，我们可以让他们在更多的情境中执行项目。

个性化和项目式学习的网络工具

六种新的工具和策略的组合正在（或即将）推动个性化项目式学习的发展：

诊断和自适应工具 在过去10年中，个性化学习最重要的进展之一是在小学和初中阶段开发和广泛采用自适应数学和阅读软件［包括"我准备"（i-Ready）、"梦盒子"（Dreambox）和推理思维（Reasoning Mind）］。这些软件可迅速定位学生的阅读和数学水平，找到相关水平的文本和问题，这有助于引导教师找出学生下一步准备从事的项目主题。

领先的自适应工具还允许教师分配特定的单元，这是为即将到来的项目做准备或在执行项目期间解决实时需求的有用策略。

基于项目的学习工具 新平台［包括科特思（Cortex）、学习赋能（Empower Learning）、新科技艾科（New Tech Echo）、顶峰学习（Summit Learning）］可帮助教师调整或开发项目、构建评估标准，并通过个性化学习支持学习过程。

在基于项目的综合课程中为50名学生创建个人学习计划可能会非常困

难，但通过使用学习平台，学生可以制定项目计划并为自己分配任务，以解决关键的项目目标。

掌握跟踪 形成成型的和基于项目的评估进入能力跟踪系统正在慢慢地变得更简单。一些掌握跟踪器被纳入到学习平台而另一些则包含形成性评估［在线教育评估系统平台（Mastery Connect）、社会化的师生协作平台（Snapshot）和美国大学入学考试的开放教育平台（Open Ed）］或基于标准的成绩簿［在线学生成绩管理平台（Engrade）、手机平台的应用（JumpRope）或学生信息系统（PowerSchool）］。

掌握跟踪有可能会重新确立一个覆盖视角，这种视角可能会无意中促进表层覆盖超过深度和应用。这可以通过跟踪一套更为狭窄的"权力标准"来避免，这些"权力标准"是学校范围内采用的最重要的学习成果，而且这种方法可以帮助学生跟踪交流技能和批判性思维技能的进展。

公共产品 生产、出版和（或）展示最终产品是基于项目学习的一个重要部分（也是巴克学院黄金准则的一部分）。协作创作（无论是在谷歌网还是在Office 365办公软件中）进一步促进了团队合作。写博客是表达对整个课程写作的理解的一种很好的方式。在线期刊和杂志给学生提供了宝贵的出版经验。

毕业证书和成绩单 今天，将近4800所学校参加了国际文凭项目（International Baccalaureate，简称IB）——一个课程、考试和文凭体系。

等到2019年，数百所学校将使用一个通用的文字记录平台，以统一的格式收集和展示学生的能力和成果。掌握成绩单联盟（Mastery Transcript

Consortium）是一个独立的学校网络，致力于用已经证明的能力和学生档案来取代课程和学分。"掌握成绩单"围绕表现领域而非以学科为基础的课程进行组织，以掌握标准和微学分而不是分数进行组织。

动态计划　以项目式学习为特色的学校，其特点是拥有大块的灵活时间。在个性化学习与项目式学习相结合的学校中，学生们每天都有各种各样的学习体验：

- 顾问（异质小组）

- 个性化学习时间（个人）

- 小组教学（分级表现小组）

- 项目时间（异质项目小组）

- 文化圈（异质小组）

在看似传统的课程中，你还会发现许多下一代网络中个性化学习和基于项目学习的结合。丹佛创新与可持续发展学院采用了一种课堂轮换模式，教师每周轮流安排个人学习时间和基于项目的学习，利用每天形成的数据提供针对学生个人学习计划的小组指导。

像位于华盛顿州斯波坎市的社区学校等新科技网络成员学校，每天会留出一部分时间用于学生个人项目。许多新技术学校在时间的安排上更为灵活，以应对项目式学习的要求和机遇并满足学生的兴趣需要。成为一个专注于共同学习的网络的一部分，可以使这一切成为可能。

项目式学习的秘诀：主观能动性

标准运动关注的是"什么"和"如何"。学生学习目标的详细清单和教师的综合评价，关注的是如何把学习传递给学生。结果人们对"为什么"的关注减少了。当教育系统强加了"什么"和如何映射的时候，通常会导致在系统中定位所有权的按部就班法。按部就班的学习方法不会将每个学习者视为独一无二的个体，也不会要求年轻人去发挥主观能动性。

什么更重要？知识还是学习方法？地图和指南针哪个更好？麻省理工学院（MIT）媒体实验室的伊藤穰一更青睐于指南针：地图意味着了解详细的地形和最佳的已知路线，而指南针则是一种更为灵活的工具，要求使用者运用创造力和自主性，自己探索未知道路。

那些欣赏开发强大指南针的教育工作者更青睐于在以学生为中心的环境中进行个性化学习。宾夕法尼亚州的负责人兰迪·齐根福斯认为步调一致的方法剥夺了学习者在这个变幻莫测的世界里开发灵活能力的机会，而这种能力不论在现在还是将来都是必需的。以学习者为中心的学习方法更信奉指南针而非地图。

2015—2016学年，齐根福斯在艾伦顿郊区组织了一次关于毕业生应该知道和能够做什么的集体讨论。他们编制了一份毕业生档案，作为所有学习活动的指南。为了发挥学习者能动性，教师将学习者视为学习的积极参与者，并以适合其发展水平的方式参与其体验的设计和学习成果的实现。他们试图吸引学生进行自我选择、自我表达，培养其企业家的态度和技能，并通过课外体验来提升人格。

标准运动期间，新技术联盟学校从未忘记学习主动权对学生的重要性。除了知识和思考、协作和交流，主观能动性是新技术学校每个项目中被评估的最重要的学生学习成果之一。

主观能动性是自己管理自己的学习。新科技学校分享一些评估准则，这些准则帮助学生鉴定其发展和反思成长心态的能力，并展示学生对自己学习的主动权。拓展性挑战帮助学生将努力和实践视为成长和成功的关键。给学生尝试、失败和反弹的空间，帮助学生建立信心。灌输能动意识有助于学生在工作中找到相关性，并激励他们积极参与，建立人际关系，了解他们如何影响自己和社区。

新技术学生获取关于他们成长心态的反馈：他们如何应对挑战、如何通过实践获得提高以及如何独立反思他们的行动和决策。他们也会收到关于他们学习策略的反馈：如何参与和保持专注、如何收集信息、如何调控压力以及如何与他人共事以完成需要完成的事情。

学校文化和真实的学习体验是发展主观能动性的关键。文化和人际关系应让学生感到自己在学校社区中有着举足轻重的地位，真实性意味着做对学生有意义的事情。通过高质量的、基于项目的学习做一些有意义的事情会让学生有更多的恒心和动力。成长的心态会影响学生如何坚持克服学习挑战，持之以恒和管理自己学习的能力将使学生在任何情况下都终身受益。

小学生需要老师的大量帮助来处理和监控学习，这些帮助包括问什么问题、到哪里寻找答案、如何收集信息。初中或高中生在提问题、寻找资源、自己找答案方面能力更强。教师为低年级的学生提供更多的帮助，而给予高年级的学生更多的自主权，在这个过程中，责任逐步释放。新科技联盟的能动评估准则通过专注于学习策略降低了对教师的要求，更期望教授低年级的教师为孩子们提供支持。幼儿园孩子需要教师的大量帮助来应对挫折、与其他孩子相处、管理学习过程，因此他们更关注于社会和情感的学习，即管理情绪、应对挫折。

位于印第安纳州普利茅斯的华盛顿探索中心的教职工们，想要与他们三年级的学生探讨如何培养其成长型思维模式。他们让学生策划一场5公里的比赛，使学生们能够以一种有形和具体的方式关注成长型思维模式。学生们以抽象的方式了解了能动性的概念，然后为比赛进行训练，并鼓励其他人参加比赛。此外，他们还有一个社区合作伙伴，并为能力不同的学生筹集资金以提供一个可供选择的操场。这让他们了解到其他人可能面临的挑战，以及其他人如何在这些挑战面前坚持下去。"敢于追梦探索"项目的驱动性问题是"我们如何说服人们去做一些具有挑战性的事情？"参加该项目的学生任务包括写出五段有说服力的短文、手工设计一件T恤、拟一则商业广告、设计一份路线地图，所有这些都在筹款竞赛中达到高潮。

考虑到年轻人在这个世界上可能经历的新奇和复杂，他们需要一种强大的指南针式的寻路能力，正如下一代学习挑战（NGLC）结果框架"我走我的路"所描述的那样。他们需要磨砺，坚持克服困难的能力以及一种成长的心态，努力提升能力的信仰。基于所有这些原因，500所重视更深层次学习成果的网络学校（包括教育联盟、远征学习、新技术联盟和其他7所学校）培养了一种以学生为中心的文化，并利用基于项目的学习培养学生能动性。

随着全国越来越多的人认识到能动性对于大学和事业成功发挥的至关重要的作用，成千上万的地区和网络公司正在重新考虑他们按部就班的碎片式学习体制。他们在课程中增加项目和拓展挑战，在学习文化中增加学生的发言权和选择项。

拓展阅读

1. https://newtechnetwork.org/resources/closing-opportunity-gap-cross-county-high-school

2. https://newtechnetwork.org/impact

3. https://blog.linkedin.com/2017/february/21/how-the-freelance-generation-is-redefining-professional-norms-linkedin

4. http://nextgenlearning.org/grantee/workshop-school

5. http://www.bie.org/blog/gold_standard_pbl_essential_project_design_elements

6. https://www.amazon.com/Whiplash-How-Survive-Faster-Future/dp/1455544590

7. http://workingattheedge.org/2017/05/27/compasses-over-maps

8. https://newtechnetwork.org/resources/new-tech-network-agency-rubrics

9. https://all4ed.org/reports-factsheets/deeper-learning-network-overview

第 5 章

设计思维
学校新模式

设计思维是一种以人为本的创新方法，该思维从设计师的智慧中汲取灵感，融合了人的需求、技术的潜力及商业成功的要求。

——蒂姆·布朗，艾迪欧公司（IDEO）总裁兼首席执行官

杰瑞德是爱达荷州博伊西一所传统高中的新生，他缺乏目标、浑浑噩噩。后来杰瑞德了解到一所新创学校的学生都是用设计思维解决现实中的挑战。杰瑞德转学到万斯通学校（One Stone），在那里他成为了一名初露头角的编码员，并对自己的学习负责。"我最喜欢万斯通学校的原因就是学生对自己的学习负责。"杰瑞德说，"我必须自己做某个项目，如果这个项目不成功，我就得不到C；我会继续做这个项目，直到取得成功。这个过程中我不能退缩，不能放弃。你必须完成这个项目，因为你对这个项目负责。"

万斯通学校的诞生源于特里莎和乔尔·波普潘对年轻人潜力坚定不移的信念。他们认为当学生掌握了设计技能并获得使用这些技能的机会时，不可思议的结果就会出现。证据表明，年轻人可以超越所想、挑战梦想。

在万斯通学校的制作室，杰瑞德学会了如何用激光切割机和3D打印机制作东西。杰瑞德创建了电脑网络并且学会用几种语言进行编程。万斯通的一切——设施、技术、文化、设计过程、项目和合作关系，都是为了学习而准备的。学生在他们的学习中有发言权和选择权，学生人数占了万斯通董事会的多数。

在教学教练的帮助下，万斯通学校的学生将设计思维过程应用到职业规划中，并对他们的优势和兴趣进行思维导图，以确定他们有机会为世界做出贡献。万斯通的设计思维受斯坦福设计学院的启发，并在三个校外项目中进行了历时八年的打磨，同时专注于设计、社区服务和创业精神。它从移情理念出发，满足终端用户的需求进而引导项目的发展。

该过程从试图通过收集数据理解问题着手，包括采访、调查、传感器或开发数据伙伴关系。设计思维需要换位思考，并始终心系终端用户的立场。

通过使用数据和换位思考，学生们将问题定义为可行的问题陈述，即一个"我们可能会怎样……"的逻辑解决方案，万斯通反复的设计过程（见图5.1）向学生传达了解决一个问题可能需要超过50次尝试的理念（因此万斯通的校训为：第51次尝试）。

在对一个或多个值得尝试的想法进行筛选之后，即可使用任意物理形

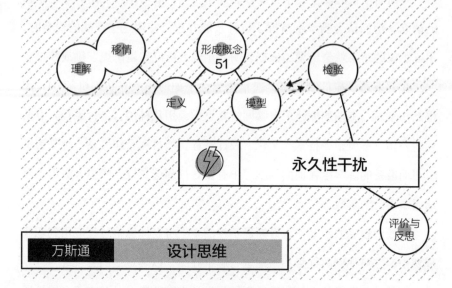

图5.1 万斯通学校的设计思维

式的模型进行压力试验：如故事板、物理模型或者计算机模型。接下来与终端用户进行模型测试。虽然学生们时而喜欢时而不喜欢进行模拟测试，但无论如何，设计师们会获得有价值的反馈，在做成成品之前持续不断地迭代这个过程。

实施过程中，万斯通团队寻求永久性干扰。"将当前的方式改变为可能的方式，最终引发持久的积极性变化。"

这个过程以评估和反思结束（通常会周而复始）。获取的结果数据会进行评估，经验反思将影响下个周期活动。

学会运用设计思维

如果说主观能动性是未来的核心思维，那么设计思维就是使其实现的工具。我们目前面临两类问题：一是具有已知解决方案的技术问题，二是我们尚未面临的适应性问题。我们的生活中面临越来越多的适应性问题，设计思维是一种灵活的思维方式，是一种处理适应性问题的结构化方法。

"设计思维"这个术语已经存在了50年，但在斯坦福大学教授大卫·凯利创立的艾迪欧咨询公司那里最终得到了普及。与科学的方法一样，设计思维也可以广泛应用于机遇和挑战之中。通过反复的过程，设计思维寻求合适、可行和可能的解决方案。"设计思维是一种以人为本解决问题的方法。"艾迪欧教育领袖桑迪·斯派克说，"它反映了设计师的思维和行为方式，思维和工具都是如此。"斯派克补充道："这是为了解决问题，让世界变得更美好。"

设计思维始于对未来发展趋势的想象。在万斯通学校，问题发现阶段被称作"理解"和"移情"，这个阶段包括研究、访谈和实地考察，目标是从用户的角度出发审视问题。接下来的三个阶段是迭代开发阶段，即"形成概念""模型"和"试验"，这个阶段也是快速形成概念并进行测试的阶段。实施和评价是在流程周而复始前的最后步骤。

许多学区和管理型学校网络善于执行问题和通过技术解决问题，但其中多数并未准备好应付他们从未遇到的问题。随着向数字化学习的转变，人们对个性化学习越来越感兴趣，并努力整合基于项目的学习，教师、学校、学区和网络发现自身一直处于设计的过程中。越来越多的学区和网络采用设计思维作为他们文化、教学和课程的核心。

工程教育中的设计思维

奥林学院（Olin College）是波士顿郊外的一所小型创新工程学校，是以项目为基础，并融合设计思维学习方式的高等教育典范。校长里克·米勒认为迫切需要大幅提高毕业生在道德行为和诚信、团队合作和共识、有效的沟通和说服能力、创业心态、创造力和设计思维、同理心和社会责任、跨学科思考以及全球意识和感知方面的能力。

学生入学第一天就投入到项目中。"设计自然"是第一学期的课程，2017年的第一项作业是用卡纸制作如动物一样跳跃的东西。学生从创立和应用设计思维过程开始。跨学科团队在艺术、人文、社会科学或创业方面设计一个顶峰项目，该项目面临一个重大的设计方面的现实约束，即缺少一名外部合伙人。大多数奥林项目产出了与奥林团队共享的公共产品，并且经常发布在学生作品集网站上。项目团队在项目执行的6周里集合3次，进行45分钟的项目回顾，并从同行和教授那里获得建设性的反馈。

设计思维也应用于课程开发。2016年，一个全新整合的16学分的量化工程分析序列就没有按照设计进行。教授和学生们暂停、重新设计并重新启动了课程，塑造了他们试图教与学的那种迭代开发的模型。

如果说传统学校满足了工业革命的需要，那么位于加州雷德伍德市的设计科技高中（或称"d.Tech"）正在致力于技术革命的解决方案。他们使用设计思维使高中生的学习体验个性化，帮助他们为急剧、快速、不可预知的变化做好准备。

"学生陷在加速的变化和老旧的体系之中，他们感到疲惫、超负荷、压力巨大"。设计科技高中的执行董事和创始人肯·蒙哥马利说。设计科技高中将个性化发挥到极致并将知识付诸于实践中。

设计思维是设计科技高中的核心内容。正如他所说，"我们不是要关注接下来的4年，而是要关注接下来的40年。"尽管他们也参加一些常规的设计挑战，设计科技高中的设计思维对他们而言更多的是一种思维倾向而不是一个被关注的模式。这一过程被灌输到整个学校文化中，并处处被学生、老师和学校领导所效仿。

蒙哥马利注意到，在奥洛克校园内新建的定制设施里，设计科技高中开放式的校园概念使学生忘记了学校起源于简陋仓库的事实。学生可以访问奥洛克员工的总线系统，并从与这家科技公司的紧密合作中受益。教师使用设计思维来更新设计科技高中的结构、进度和课程。

教师如何成为设计思维者

39号设计校园（D39C）是波威联合校区中的第39所学校，于2015年开放，其设计是设施、文化和教育的核心。事实上，校长乔·埃伯丁说，设计39号总是被不断的重新设计，通过不断反问"我"该如何从别人的角度看待问题，提高自己的移情心理。埃伯丁承认每个人都会有恐惧心理，他让教师和家长参与到不断的改进对话中来，并提出问题："明年这个时候我们会用什么样的方式来进行更好的对话呢？"

教师在设计39号的每一天以设计开始。在那里，他们会问一些积极的、以设计为导向的、类似"我们会怎么样？"之类的可能性问题。教师在设计期间进行合作、分享想法、探索和互相学习。他们分享经验，讨论构成学习的要素。埃伯丁充分利用时间的馈赠，号召他的员工发挥超能力，去开发每一个学生的天赋。利用设计思维协作创建了一个充满活力的学习氛围，学生用相同的策略去解决新问题，并在此过程中经常问"我们会怎么样？"这样的问题。

设计思维始于人种志研究，常被称作移情研究，由一群特定的用户群所使用。当教师成为"设计思维者"时，就意味着他们要深入地倾听学生。新技术联盟的艾科管理经理凯利·麦凯格说，将设计思维融合到个性化的项目式学习中有一个很大的好处，就是老师组织学生进行的移情访谈。"直接去找你想要找的学生，这既有利于我们的工作，也拓宽了我们对个性化的复杂程度的认识。"她提到。

使用设计思维的老师们从移情开始，探索学习者体验以及可能促进学习的策略和技术。传统的研究方法，例如聚焦式分组和调研，在渐进改进方面可能有用，但无法带来突破。真正的创新可以通过新的思维独辟蹊径、捷足先登获取结果。

设计思维带来社区贡献

位于加州纳帕的纳帕谷联合学区的新技术高中将设计思维融入到项目学习中。"我们很快意识到，我们不能将设计思维看作是附属物。"校长莱利·约翰逊说。与几乎所有的高中一样，纳帕新技术高中依靠课程和学分来标记时间和进步。学校引入设计思维后鼓励教职工思考时超越新技术联盟中常见的综合课程的束缚，转而关注项目本身。教职工并未将项目纳入课程，而是想知道项目本身是否可以成为学校的核心结构。他们决定摆脱因循守旧的校历和进度计划，坚持项目主导。这个简单的决定可以改变学生学习进度（一些学生进度更快，但有些更慢）、教师帮助学生的方式以及评估学生成功的方式（先前源于成绩单）。这个思维实验引发了2017—2018学年将设计思维作为主焦点的决定。

对设计思维的关注已经改变了纳帕新技术学校基于项目的学习方法。莱利说："专注于移情使我们专注于工作时所处的环境。"在全校范围内的挑战中，学生们找出自己、他们的团队或社会所面临的问题。全校400名学生通过建立共鸣找到共同的兴趣，建立跨年龄团队。

一群大一女生开发了应对智能手机诱惑和干扰的解决方案。另一个研究小组研究了葡萄园中的耗水量，并建议通过数字程序进行改进。有个小组合作开展了一项关于提高青少年心理健康意识的项目，他们对饱受这些问题折磨的人进行访谈。他们利用这些访谈创作游戏，教导人们应对各种精神疾病产生的影响。"该项目以人为本，真实可信。"莱利总结道。目前，项目小组设计的游戏被两个当地的健康组织的客户采用。

麦凯格招募了一批经验丰富的新技术高中老师，这些老师来自小学、初中和高中。"在结合个性化学习和基于项目的学习并根据每个学生的具体需求定制学习环境的过程中，设计小组发现了挑战。他们乐于创新和合作学习，这证明了一个重视和支持积极创新的联盟所产生的力量。"麦凯格补充说道。

由于新技术高中的老师们乐于将自己描述为终身学习者，他们想知道如何成为设计思维者。大多数人已经考虑过在项目中将任务个性化，他们的灵感来自于他们在新技术会议上从其他技术老师那里学到的东西。艾科的多结果成绩簿追求学习者的知识与思维、沟通、协作和主观能动性，是研究的良好开端。但麦凯格发现，"通过移情访谈来确定我们的行为和观点背后的'原因'时，才有深刻的领悟。"直接追根溯源对项目设计工作产生了积极的影响。学生访谈使老师探索进一步发挥学生兴趣的途径。

设计思维如何改变项目式学习

"假如学校是一个探索你的天赋、爱好以及需求的地方，那会怎么样？假如学校教你如何为他人和地球做出有益贡献，又会如何？"卡莱布·拉沙德在加州圣选戈的高科技高中提出了这些问题。该学校因学生们致力于规模宏大的综合性项目而闻名。作为学校的主管，拉沙德倡导以人为本的设计。他说："当你真正干一件对别人有益的事情时，你也会有所转变。"我们活在这个世界上，会有一种能动性、发言权和个人存在感，这种感觉令人兴奋而强大，让你质疑自己的思维模式。

正如纪录片《最有可能成功》中描述的那样，高科技高中鼓励学生反复尝试，最后将其成果进行公开展览和出版。拉沙德解释说："这不仅仅是关于项目，而是把项目作为一扇了解人性的窗口和实现个人转变的工具。"

所有好学校都有复习的文化，那么这所高中有何与众不同呢？传统的项目管理（以及基于项目的学习）是向正确或预先设定的结果冲刺。设计思维（或以人为本的设计）从发现问题而不是解决问题着手，开始便会质疑人们到底需要什么。较之传统的项目式学习，这是一个更加广阔、更加个人化的研究阶段。因为设计策略经常被用来解决没有简单答案的自适应问题，所以解决方案是以迭代的方式原型化的。老师会问学习者，"如何才能快速又经济地测试你的假设呢？"如果一个项目包括设计思维（理解、移情、定义、构思、模型、试验）和实施，那么它就是一项庞大而复杂的任务。

如果将设计思维加入项目式学习中过于复杂，那又何必大费周章呢？拉沙德指出，这个世界变得越来越不确定、复杂和模糊。他认为："我们需要企业家、生产商、创新者和变革者，那些渴望让他人生活得更好的人！在高科技高中，他们通过强大的项目和更深层次的学习体验实现这个目标。"

跟圣迭戈特许学校高科技高中一样，加利福尼亚州纳帕新技术高中成立于1996年，由学区管理、商界支持，旨在帮助年轻人更好地应对不断变化的世界。"作为学校，我们是零工经济的忠实拥护者；我们认为高中后的生活将越来越项目化。"纳帕新技术高中校长莱利·约翰逊说。

约翰逊补充说："我们相信，将项目式学习与设计思维相结合会形成一个模式，确保学生无论在高中毕业后做什么，都有一定的技能和处理能力。工欲善其事，必先利其器。学生们全副武装做好万全准备，方能做什么都有机会取得成功。"

通过在项目式学习中添加更多的迭代和原型，纳帕新技术团队已在早期和不断的展示中获得了成功。学生们每四周会展示他们的初级样品，并从20%的广大观众那里获取关于项目范围的反馈。以这种方式多次反复。约翰逊说，"设计思维模式使学生将作品修改和打磨得更为有效"。

在纳帕新技术的过程改进中也使用设计思维。教职工们注意到，虽然这些项目清单很有价值，但对学生来说就是个备忘清单。约翰逊说："有的学生一直等到马上要到截止日期了，才核对和完成清单上所有的内容。"教职工和学生使用设计思维重新审查其作品。"经过9个月的设计，先前的静态网页变成全面的、涵盖四年的博客作品集。"约翰逊说。纳帕新技术从先前的"这是你的题目，你需要完成任务"到为学生寻找真正的机会进行反思并分享学习。约翰逊补充说，"我们的作品集会陪伴学生四年甚至更久。"纳帕新技术高中的学生正在使用其作品集获得大学录取和实习的机会。

将设计思维添加到项目式学习中并以个性化的学习策略提供支持，这看起来很有价值，但与此同时也极具挑战性，这解释了为什么学校应该联合开发和部署新的学习模式、工具和专业学习机会。

拓展阅读 ——————————————————————————————————

1. http://www.gettingsmart.com/2017/02/scheduled-design-thinking-as-pedagogy-for-students-and-educators

2. http://www.gettingsmart.com/2016/12/podcast-project-based-engineering-olin-college

3. https://newtechnetwork.org/resources/making-pbl-personal

4. https://newtechnetwork.org/resources/leader-spotlight-riley-johnson-new-tech-high-school-2-0/

5. http://www.gettingsmart.com/2017/02/getting-smart-podcast-10-leaders-on-high-quality-pbl-doing-it-well-at-scale

6. ht0tps://newtechnetwork.org/resources/leader-spotlight-riley-johnson-new-tech-high-school-2-0/

第6章

连接式教学
技术成就共同创造

教学法是教学的方法，包含更多语境变量的新型术语是学习模式。学习技术使人们将新的学习体验和结合面对面、手把手与在线学习活动的学习序列概念化。学习模式包括一系列的预期成果、课堂实践和规程；短期、长期任务和学习体验；评估结果的手段；指导学生进步的小组策略和规则；行为与合作规范。

罗茨小学（Roots Elementary）是一所创新式小学，由丹佛公立学校赞助，学生们在一间名为"格罗夫"的开放式大教室里轮流参观不同的中心，他们使用自己的iPad和QR矩阵二维码去每个中心报到，边上的休息室用于小组教学。创始人乔恩·汉诺威解释说："学生们一天大约有一半的时间花在自主学习上。有的用书本和积木，有的用游戏学习应用程序。每隔一段时间，学生会从自我指导的工作中抽身出来，接受老师的小组指导。这些学生年龄或许不同，但他们都致力于相同的学习技巧。他们用半天的时间接受针对其具体需求的针对性指导。"

罗茨小学的轮流制度是整个学校学习模式的案例。整个学校在学习模式上增加了机构、人事策略、日程安排、师生支持和资讯系统，这使得学校体系更为健全。

顶峰公立学校是世界上最具创新精神中学的联盟学校，其学习模式始于对成果深思熟虑的考虑，该模式推动了个性化学习、项目式学习、导师制和基于工作的学习的融合。在陈·扎克伯格所倡导的工程师的帮助下，顶峰学习平台列出了与四种成果范围相关的四种体验：

- 利用项目时间促进认知技能。

- 利用个性化学习时间促进学科内容知识的学习。

- 通过探险式学习发展真实生活体验。

- 利用指导和团队时间培养成功的习惯。

顶峰学校模式包括每年40天的专业学习，由中心办公人员或合作组织引导1/4的学生进行探险活动。学生们参加探险活动时，老师们腾出时间参观其他学校，继续他们的学习计划。他们每周都拿出时间与队友共事，通过网络联系与工作相关的事宜。

顶峰学校正通过其顶峰学习平台向全国的教师团队拓宽其平台网络。超过330个教师团队获得了免费访问顶峰学校模式、平台和培训的机会。对于顶峰学校来说，这是一项大胆的新规模战略，也是陈·扎克伯格倡议的慈善事业新举措。

协同创建平台网络

平台网络共享学习方法（教育模式）、通用工具和系统（通常是一种学习平台形式）以及成人学习社区，在这个学习社区里，教学法、平台和专业学习网络都得到了极大的改进（见图6.1）。

图6.1　平台网络的三要素

多数学校网络创立于2010年后，其中顶峰公立学校、阿尔法公立学校和布鲁克林实验室是基于平台或混合式学习模式建立起来的。这些管理型网络共享学校模式、工具和辅助服务。和学区一样，这些网络也有管理和行政职责。

一些学区，尤其是小规模学区，像平台网络一样运作，采用共同的学习方法，共享信息系统平台和一致的支持系统。北卡罗来纳的摩尔斯维尔分级学区（North Carolina's Mooresville Graded School District）开创了一种分布式领导方式来进行全区的数字转换。

多数大型学区都采用某种组合策略（见第10章），在这种策略下，学校可以灵活地开发或采用学校模式或加入网络联盟。例如，丹佛公立学校的董事会采用了通用的毕业生档案，但支持比肯（Beacon）、斯泰普尔顿公立学校（DSST）、力量计划（KIPP）、洛基山预科学校（Rocky Mountain Prep）和奋斗（Strive）等学校网络的发展。

在向数字化转型的前20年里，像"黑板"（Blackboard）这样的网络学习平台为大学生提供了平面课件，但除了偶尔的小测验，几乎没有互动。到了2010年，像埃默多这样的初创平台整合了类似脸书的用户体验，使得内容的混合和匹配更为容易。它们构建和分配独特的任务到各组中，并促进像通信线程一样的文本消息的传播。2010年4月，继苹果公司推出iPad后，其应用程序开发平台更易操作。随着智能手机和平板电脑的普及，开发商开发各种可能用途的应用程序。移动通信速度加快，很明显，移动应用将在包括学习在内的大多数领域发挥愈加重要的作用。

个性化学习需要网络协议和网络优势

"学校网络需尽早做好两件事：一是致力于学校卓越表现的共同愿景，二是为教育工作者实现这一愿景提供必要的支持。"

亚历克斯·埃尔南德斯（Alex Hernandez）为特许学校成长基金（Charter School Growth Fund）努力引领创建了新的学校网络，他认为特许学校网络是过去20年最重要的发展之一。"特许学校正回应下面的问题：从规模上看，大型公立学校体系会是什么样子？在最优质的特许学校网络中，有很多一致性。所有的成年人都朝着同一个方向努力，学校项目的各个部分互为补充。"

在松散的自愿性联盟中，埃尔南德斯看到的更多是多变而不是价值。

"如果教育工作者不能在什么是重要的这一问题上达成共识，就很难做好任何事情。要是每个老师都闭门造车，只为他们自己的学生解决问题，就很难铸就真正伟大的学校。"

在他列出的清单头条，共享优质网络平台是人们成就优质教学和学习的共同的期望。学校可能会为达到共同目的而使用不同的方法，这样做是为了铸就精英、促进学生的深度参与。课堂对话是充满活力的，有帮助需要更多支持的学生的明确战略。

埃尔南德斯说道："我们希望学校开展基于项目的学习并让学生按照自己的进度学习，教授学生社交情感技能，但要想精通其中任何一项技能，都需要大量投资。"

优质网络为创设这样的课堂体验做出了巨大的组织投资，量身解决了教育中的大问题。埃尔南德斯说，优质网络公司除了提供其他支持外，还经常开发精心编排的课程、录制精彩的教学指导视频、策划发人深思的阅读材料、开发鼓励学生深入思考的问题、制定高标准的学习评估，并就某一课堂步骤进行教师培训。

尽管埃尔南德斯看到最好的网络越来越紧密，但与过去10年的照本宣科、管理有序的教学体系相比，这种模式给人的压迫感要小。他的教学文件夹中基于目的的网络是一套精心设计的系统。"在我们的优质网络中，专家型教师正在提炼已产生优质效果的资源和实践，"埃尔南德斯说，"之后这些资源被教师们在网络使用过程中提炼出来并给予反馈。教学这一角色对智力要求很高，但就像医疗体系中的医生一样，人们对最佳教学范例和事实证明的成功是广泛认可的。"

转向移动端只是影响新学习平台发展的趋势之一。回顾创业公司，我们发现了6个特征趋势：

云与移动：伴随着消费趋势的变化，学习平台转向了云端，目前正向移动端转变。例如，结构（Instructure）在线教育2013年为开源在线学习管理系统（Canvas LMS）推出了一个移动应用程序、基于收费的云存储和一个应用商店，以提高互操作性；他们于2011年6月为家长们添加了一款手机应用。

混合和匹配：学习者、顾问和算法可以快速地将来自多个供应商的资源组合成定制的路径。例如：来自非营利组织"创新教育"（Innovate EDU）的科特思整合了学习者的个人资料和能力，可以根据不同等级的能力级别来构建、定制和部署单元计划和播放列表。

关系和支持：许多正式的专业学习供应商更关注学习者之间的关系和支持系统。例如由南新罕布什尔大学开发并独立出来的学习管理系统"莫泰维斯"（Motivis），是一个支持学生参与和关系构建的社交型学习社区。

能力：开发、跟踪、支持能力的展示，允许学习者按照自己的进度进行。例如，学习赋能（Empower Learning）是一个基于能力的学习管理系统，具有基于标准的进度报告和成绩单管理。

更广泛的目标：心态、自我调节、社会意识和协作越来越多地被平台整合和跟踪。健康和健身是平台的下一个目标。例如，我的世界教育版（Minecraft：Education Edition）促进社会情感的学习。像新科技艾科（New Tech Echo）这样的平台跟踪与每个项目合作和代理的进展。

预测：机器智能将以预测、推荐和智能推送的形式嵌入到所有平台中。例如，非营利组织咕噜（Gooru）的学习导航器是一款免费的在线工具，提供个性化的路径帮助学生实现学习目标，即虚拟学习导航。

黑斯廷斯基金会（Hastings Fund）首席执行官尼拉夫·金斯兰有一种预感，未来多数学校和学区将在教育平台上，结合人类对内容和算法的管理，远程开发教学项目。他预测学校运营商将把首席学术官（CAO）的许多传统角色外包给一个平台。通常情况下，这个平台效果会更好。更具体地说，学校运营商将把首席学术官角色外包给一个网络，一个共享学习模式、平台和专业学习机会的网络。

一些发展强劲的网络，包括顶峰公立学校、布鲁克林实验室和与埃基里克斯（Agilix）合作的新技术联盟，已经开发了自己的学习平台，并为学校提供了支持新创新的基础设施。目前，这些平台的构建既困难又昂贵。在一个高质量的学习平台上投资超过1亿美元很容易，但在少数下一代平台完善之前这很可能会限制创新。简而言之，除非教师团队能够很容易地进行个性化学习，并支持学生在已证明掌握的知识上取得进步，否则，平台的缺陷会抑制学校模式的创新和网络的开发。

新技术平台上的共创

为了满足教育工作者和学校领导者的专业成长需求，新科技联盟创建了新技术联盟专业学习平台（PL@NTN），提供一系列个人和在线经验及资源，并配有标记系统，帮助教育工作者展示和记录他们的发展。

  项目设计：在新技术联盟上共同创造的最常见形式是项目设计。教师团队可以在艾科上评审项目库，采用和或修改项目库，以满足学生的需求，同时符合国家的特定标准。项目设计资源和学习成果评估表帮助团队开发新的、令人振奋的综合项目。

  讲习班：俄亥俄州范维特市区教学教练克里斯·科维对将读写纳入项目的初级讲习班表示赞赏。"这个讲习班对教师来说是个福音。老师们正在费力提高学生的读写能力并将其融入项目之中，确定可以将读写融入项目中对他们来说是一桩好事。"

  在线学习：科维回忆起一个基于问题学习的在线研讨会，该研讨会探讨的是一到两天的任务执行活动而非需要耗时三到四周的项目活动，解答数学特有的方法并不是最初新科技联盟培训的一部分，但是克里斯和他的路径老师发现在线课程、附加资源以及初期想法都非常有益。

  教师联系：除了培养个人能力之外，专业学习平台为教师利用新技术联盟网络上的专业知识和教练人员的才能提供了机会。"专业学习平台为我与其他加入新技术联盟学校的老师和教练搭建了桥梁。"西得梅因社区学校（West Des Moines Community Schools）的教学教练萨拉·科斯特洛说，"很高兴认识新技术其他不同专业领域的教练，这使得我与学校教员和相关专家取得了联系。"

  面临相似挑战或致力于类似项目的学校可以进行联系和协作。"专业学习平台必定会提供网络建设以及与其他新技术联盟学校建立联系的机会。"科斯特洛补充说。

科维继续说:"这些联系使范维特学校更像是一个学习型组织,而不是闭门造车。"

徽章:专业学习平台为教师提供了在23个针对新技术项目式学习模式的技能领域赚取微证书的机会。这个奖章程序使得一组复杂的互连操作更易理解。新技术联盟的工作人员审查标记提交,以确保项目式学习实践者掌握关键技能并持续成长。符合所有标准的教师得到认可并获得特定的微证书奖章,并酌情获得伞形徽章。

徽章设计项目使每个新技术教师提高了核心项目式学习能力,而有几个网络学校使用该项目来构建自己的专业学习程序。格林维尔早期学院(Greenville Early College)是南卡罗来纳州格林维尔郡的一所高中,学校在小组活动中采用徽章制度。教师们独立致力于徽章设计项目,然后聚在一起讨论每个单元,这使得学校可以通过小团队合作获得成功。

范例:专业学习平台徽章程序提供了基于学习的推进项目某些方面的范例。如果某个教师在某个特定领域陷入困境,他可以查看范例,看看网络上其他教师在课堂上做了什么。在艾科平台上,徽章课程为指导教练提供了一个资源库。

暑期实习:萨缪尔学院的学生在大三到大四之间至少进行45小时的暑期实习。对于学校所有的大三大四学生来说,找到实习机会是一大挑战。"第一年后我们收到了很好的反馈。企业和学生都有非常积极的体验。"执行理事安东尼·萨巴说道。一些学生意识到他们在一个自己并不热衷的领域实习,是获得的额外有价值的成果。与商业伙伴共同创建、精心组织和安排的基于工作的学习活动，使学生为预知的大学和职业选择做好准备，并使他们获得必要的大学和职业准备技能。

"价值创造从来都不是个体行为的结果。"作者尼尔斯·弗拉格说，"相反，这是一个以团队为基础的互动工作过程，团队成员彼此之间互相帮助。"这描述了网络中的团队教学——一个学习和共同创造的过程。

实地考察：让技术着眼于现实

最令人兴奋的共同创造形式之一是地方本位教育，这是一种利用地理优势为学生创造真实、有意义、引人入胜的个性化学习的学习方法。沉浸式体验将学生置于当地文化、地貌和工作场所中。高度相关和参与的实地体验有助于更深入、更丰富的学习。这些体验可以提高学生的学习动机、毅力和对当地社区的欣赏。

虽然实地考察适合地方本位教育，但地方本位教育旨在将布鲁姆的教育目标分类学提升到分析、评估和创造上，并从简单的应用转移到复杂的真实情景中，下一代学习挑战（NGLC）称之为情景学习。这种根植于社区的学习通常采取项目、以社区为中心的设计挑战或服务学习活动的形式。它将学生和教师联系起来，提供了无数个性化路径，并为学生提供了为实现社区可持续发展和改进而体验主观能动性和主人翁意识的工具。

泰顿科学学校（Teton Science Schools）地方本位教育的设计原则可在任何环境下指导地方本位学习的发展：

- **全球背景本土化**：本土化学习是理解全球挑战和联系的典范。

- **以学习者为中心**：学习是学生个人的事，这使得学生可以发挥主观能动性。

- **以调查为基础**：要了解经济、生态和社会政治世界，要以观察、提问相关问题、预测和收集数据为基础进行学习。

- **设计思维**：迭代解决方案开发的结构化方法为学生在社区中产生有意义的影响提供了系统的方法。

- **社区即课堂**：社区是学校的学习生态系统，当地和区域专家、经验和场所是课堂拓展定义的一部分。

- **跨科目研究法**：课程应现实世界需求而设置，传统学科领域的背景、技能和性质是通过综合、跨学科、基于项目的方法传授的，所有学习者都会感到责任感和挑战性。

泰顿科学学校提供的实地教育项目使学生参与到流域科学、水质测试和实地研究中。这两门课程都能围绕学生的兴趣开展个性化、以学生为中心的学习项目。

高科技高中创始人拉里·罗森斯托克将圣迭戈视为学习的范本。作为一名木匠和律师，罗森斯托克认为"场所是一切的基础"，鼓励教师共同构建以场所为基础的项目，如综合艺术课、有益于当地血库的生物学项目、流域研究项目以及由小学生制作的当地鸟类和植物的野外指南。

缅因州波特兰卡斯柯湾的学生参与学习远征项目———一项深入调查社会公平问题的拓展性综合研究。远征项目涵盖实地工作，最终完成真实的项目、产品或表演。过去的话题涵盖波特兰的工作滨水区、流感大流行和英国石油公司漏油事件。

　　加入密涅瓦学校这一创新高等教育模式的本科生们在七个城市生活和学习，并参与当地包括研究项目和实习的学习体验。学生会见公民领袖，并为顶级组织做项目工作。这些基于场所的活动旨在培养学生在不熟悉的环境下的应变能力。

　　以上四个精心构建的基于场所的体验案例，通过为学生提供学什么、如何学、何时学、在哪里学的意愿和选择，提高了学生的主观能动性。关于地方本位教育，下一代学习挑战（NGLC）指出，脑科学已经证实，学生通过真实的学习活动学习会更持久、更具转移性，只有在复杂的、需要发挥学习者主观能动性的社会体验中才能培养其成功的习惯。

　　为了有时间和资源与学生们去共同构建基于场所的学习经验，教师队伍需要学校领导的支持。第7章将探究学习型组织中集体能力的开发。

拓展阅读

1. https://relinquishment.org/2016/12/23/future-rivalries-the-platform-vs-the-chief-academic-officer

2. http://www.gettingsmart.com/wp-content/uploads/2017/02/What-is-Place-

Based-Education-and-Why-Does-it-Matter.pdf

3. https://s3.amazonaws.com/nglc/resource-files/MyWays_11Learning.pdf

4. http://www.gettingsmart.com/wp-content/uploads/2017/02/What-is-Place-

Based-Education-and-Why-Does-it-Matter.pdf

第 7 章

学习型组织
构建集体能力

新加坡美国学校（Singapore American School，SAS）的新任校长奇普·金伯尔要求董事会拨出一半的预算用于组织学习、研究和发展。这笔资金使100多名员工访问了8个国家的100所学校。事实证明，参观世界上最好的学校，将他们的所见所闻展示给同事，并加入专业学习社区，这对4000多名幼儿园到高中阶段的学生来说具有转型意义。

新加坡美国学校战略计划集中围绕以内容为中心、以教师为主导的教学向以技能为基础、以学生为中心的教学转变。这有助于学生获得影响深远的学习体验，深化他们的学习并把注意力从老师身上转移到自己身上，也有助于学生培养展示文化技能和坚强性格的能力，同时利用学科知识成为批判型和创造型思考者以及有效的合作者和交流者。创建学习型组织，尤其是高效的专业学习社区，一直是转型的核心。

由瑞克·杜富尔推广的专业学习社区（Professional Learning Communities，

简称PLCs）是该校转型的核心。专业学习社区通过循环探究专注于教师的集体学习。教师们在专业学习社区中合作，一起制定学习目标、完善学术贡献，并开发一致的评估标准。专业学习社区回答了以下问题：

- 我们想让学生了解什么？做什么？
- 我们如何知道学生们何时理解并能做到了？
- 如果学生做不到我们该怎么办？
- 如果学生已经做到了我们该怎么办？

专业学习社区推动课程的一致性，并鼓励教师团队对所有学生的学习承担集体责任，确保教师协同工作，以利用他们的专业知识和教学经验，改善自己的教学实践，使每个孩子的学习和成长得到最大程度的发展。

目前有几个大型的在线教师网络，包括由盖茨基金会赞助的教师社交网（Teacher 2 Teacher），其中有一些与工作类似的社区，共享技巧和工具。实践活动（例如鼓励改进小班课堂）和公益活动（例如教师权益）得到博客和社交媒体的支持。

由下一代学习挑战（NGLC）国家和地区基金会赞助的150多所学校是专业学习社区的另一案例。据下一代学校的教员报告，虽然下一代学习挑战的资助很重要，但社区更有价值。下一代学习挑战提供了工具和资源，召集学习者及社交媒体。下一代校园的教育者向访问者开放他们的学校，分享他们的课程和工具作为开放共享资源，并积极为多个网络访问做出贡献。

学科融合、团队授课

凯文·甘特图后来在阿尔伯特基一所名为耐克斯基学院（Nex+Gen Academy）的新技术联盟学校担任教师。围绕红绿灯，他提出了一个有关停车距离的项目创意，将一点儿物理、一大串数学和一些社会科学结合起来。他不教物理也不教数学，所以他就将关于停止项目的文章发表在博客上并分享了自己的想法。纽约的物理老师希瑟·布斯科克采纳了这个创意，并在博客上发表了相关文章。因对学生的经历和学习非常满意，布斯科克使用了停止项目申请国家委员会的认证，项目理念、课程和资源每天都通过新技术联盟的平台运行。

在大多数中学的新技术课堂中，我们观察到的一个有效做法是，两名教师共同合作，推动一门课程的发展。通过学科整合，课程更好地反映了内容和项目在世界范围内的运作方式，这也使多门学科融合在一起。大多数中学教师通常是某一学科的专家，而新技术高中则将教师组合在一起，合作设计综合、跨学科的项目。协作通常会延伸到项目的深层次阶段。大多数学校将这些综合课程合并成一门课程。例如，英语10经常与世界历史相结合，创建一个由英语老师和社会研究老师合作教授的世界研究班。如果讲得好的话，这门课会像一个无缝衔接的课堂，师生们不必把一半的时间花在英语上，另一半的时间花在社会研究上。这些课程通常为复合课程，所以由两名老师执教，班级规模也会翻一番。这就是为什么在专门建造或翻新的新技术学校里，大多数教室都是常规教室的两倍大。

团队授课的综合课程是新科技高中模式中最重要的要素之一。综合课程有益于教学设计、教学实践和全校的文化建设。有效的工作组合包括英语与社会研究；物理学和代数Ⅱ；生物学、健康和体育。

团队教授综合课程的优势

项目设计：世界上很少有局限于某一单一学科的工作，这使得更真实的项目设计成为必需。

迭代：某位教师有合作同事来了解事情进展情况时，往往在观察的同时会将项目执行得更为出色。

分组：由于可从双倍规模的小组学生中调取学生，教师在分组上有更多的灵活性。

差异化教学：一名教师为有特殊需要的学生举办技能培训讲习班的同时，另一名教师可以监督和帮助未参加的学生。

模式化协作：如果你要求学生互相协作，团队教学会为他们提供良好协作的典范。

学生表现：老师们经常会告诉你，教室里有一名老师或两名老师会导致学生的表现有明显的差异，而两名教师通常更为可取。某个学生某天过得很糟糕时，团队教学可以保证一名教师与该学生就其问题进行交谈，而另一名老师则维持班级的整体秩序。

学生文化：在大课堂里，学生目睹了更多其他学生的表现，这为他们营造了一种格式塔感，也为创建学生文化开辟了另一条途径。

成人文化：目前的课程体系构建的是在你的课堂进行主动学习的成

人文化。每个年级每两人一起学习如何在课程中合作，这往往会渗透到
全体教师会议上，也产生进行实践改进的压力。

可持续发展：作为一名教师，拥有一个好搭档使得工作更具可持续
性。有了固定的合作者，事情就好办多了。

价值观：学生制作的综合课程和项目提供了一个展示学校价值观的
公共平台。这表明学校信奉整合和合作，不希望它只是偶然发生。

学习型组织框架

正如第4章中所讨论的，新技术联盟是最大、最好的平台网络案例之一，
通过与学区合作，该平台以每年10%的速度增长，并在整个学区内扩大新
的、重新设计学校的规模。网络学校青睐集成项目库，创建和评估项目的
工具以及虚拟和现场指导。

新技术联盟团队专注于让学校加入联盟，成为网络的一分子，进而为
学校创造价值。四个成功的关键要素包括：

• 新技术模式的核心：教师参与、重视产出、文化赋能、技术支持；

• 有效的专业发展和指导，为课堂教师、管理者和地区员工提供不同
的培训；

• 地区关系建设：在学校设计方面支持地区领导团队，确保提供支持
和维持学校转型的条件；

• 致力于持续改进和创新，与学校和学区产生深刻共鸣。

为了帮助学校将其注意力从实施新学校模式的初始工作转移到改进工作上，新技术联盟开发了学习型组织框架（见图7.1）。该框架旨在为学校的短期探究和改进提供发展与实施指导。

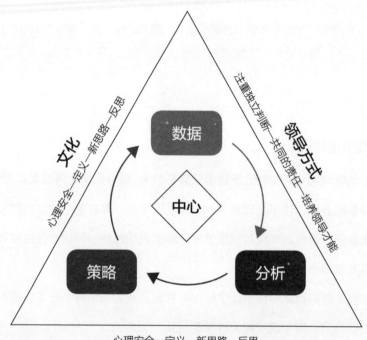

图7.1　新技术联盟学习型组织框架

该框架还有助于构建学校集体学习和集体改进的能力，所有这些都是为了支持学校，使其在力争变好的过程中变得更好。

框架的内部部分代表了针对特定重点进行改进的结构化查询和流程周

期，焦点是学校希望提高学生学习的具体方面。围绕焦点的循环过程指定了所有查询周期的主要步骤（跨多个领域的无数调查周期已被明确说明）。三角形的三条边代表了能够或阻碍组织学习和改进的关键条件。

例如，学校若想改进学生写作，可以收集写作样本（数据）并对学生作业进行结构化审查（分析）。这么做会出现两个情况，首先学校会得出结论，他们需要引导学生围绕使用描述性词汇和学术语言来改进课程中的书面作品。其次，他们可能会认识到，45分钟不足以让他们有足够的时间协作参与到学生的作品分析中。因此，他们可以修改来年的主计划，从而每周创建一个90分钟的时间段，专门用于成人学习和协作。

这种案例改进过程有助于学校在两个方面获得提升。首先，他们通过结构化的探究循环来提升学生写作的质量。其次，他们通过进行结构性改变提升了系统在未来的改进能力，在致力于改进的过程中学校也愈加出色。

学习型组织框架是网络学校领导努力发展的关键工具。新技术联盟提倡学校领袖作为建筑师，组织学校的结构和文化，以支持成人和学生的学习。用于记录学习型组织框架使用情况的案例研究被用作领导人全国网络峰会的教学工具。

多数专业发展提供商都在加强个人能力建设，然而，新技术联盟侧重于集体能力建设，即帮助学校学习如何进行共同学习、有效协作并发展为高适应性的系统。通过新技术联盟专业平台和艾科徽章计划，个体教育者的专业发展有了充足的机会。对于重视个性化学习和集成项目的新模式来说，合作学习至关重要。一般性的培训与采用或开发独特模式的学校关联不大。

通过将设计、技术和专业学习进行匹配，网络可以更便捷地实现连贯性和高绩效。以合理价格提供相关服务的网络继续增长并因此扩大影响力。

网络化改进社区

"改进研究的核心是快速迭代循环，测试数据、修改、重新测试和改善可能会产生的改变。"卡内基教学促进基金会主席安东尼·布雷克说。布雷克敦促组建网络改进社区（NIC），这是一个可以在一个机构内或在类似的组织网络中使用的持续改进框架。"尽管我们的个人能力有限，但我们可以通过共同努力来完成更多。"布雷克补充道。

这里有两种观点，一是将改善科学作为学校工作的核心。布雷克倡导六项核心改进原则：

- 工作以用户为中心、针对某个问题展开。
- 绩效变化是需要解决的核心问题。
- 查看产生当前结果的系统。
- 我们无法大规模提高我们无法衡量的东西。
- 在受训的探究中加强实践改进。
- 通过网络化社区加速改进。

网络化改进社区的第二种观点是，挑战的复杂性使个别学校很难单独解决问题，故而建议在网络中合作共事。

一些学区已经成功地使用改进科学应对离散问题，包括长期旷课（辍学的主要征兆）在内的离散问题，少数族裔学生与接受高等教育的机会不均衡以及中学学科转介的偏见。布雷克指出，加州佛罗斯诺大学校区和威斯康星州梅诺莫尼校区的学区都为员工配备了进行快速改进测试的设备，并定期报告他们如何才能在工作上更好地改进。这两个学区都经历了一场文化变革，包括学生为提高自己的学习承担越来越大的个人责任。

纽约市新愿景公立学校为纽约市数百所新学校的发展提供了支持，其中包括一个由特许学校组成的管理型网络，该网络已经部署了改进的原则以提高毕业率。与之相似，一个由社区学院资助的网络，使用改进原则来提高发展型课程的数学通过率。

加州大学伯克利分校的国家写作项目培养了教师改进学生写作的能力。传统上，他们是布雷克所称的"共同关注体"——一群对于学习如何提高自己的教学水平感兴趣的人。利用他们在教师网络中发展的关系优势，他们把工作视为一个"共同成就的社区"。

布雷克认为这种转型的关键在于关注一个特定的问题，并看看我们的教育体制是如何真实地制造这些不尽如人意的结果的。接下来是选择重要的进度指标并构建分析性基础设施。网络改进社区的核心是通过对新惯例、做法以及跟踪进展进行迭代测试而进行受训实验。

然后，布雷克补充说："要解决我们面临的更大、更复杂的持续性问题，我们要携手共同改善网络。我们在国家写作项目中组织了一个网络化的改进社区，专注于论证写作（由共同核心国家标准鉴定的常见问题）。虽然我们的个人能力有限，但我们可以通过共同努力而获得更多。"

网络化改进社区是解决复杂问题的另一种机构化和集团化的研究及开发方法。它与一系列要实施的"经过验证"的程序相反。如同设计思维（在第5章中讨论过）一样，网络化改进社区采取了一种迭代的、自适应方法来解决问题，这是解决教育成果中长期存在的不公平的一种方法。

召集学习领袖

新科技联盟每年在全国各地的战略据点举办两次领导人全国峰会。议程包括短途参观学校、寻找当地社区学校合作伙伴。目标是为学校和学区领导创造条件，让他们反思并学习如何将学校发展成与网络伙伴合作的学习组织，同时利用当地环境获取学习机会。

2015年秋季会议在密歇根州底特律召开，包括参观贝尔维尔新科技高中，探索他们的阅读写作策略。会议内容还涵盖更多不同寻常的游览，包括在底特律东部市场徒步旅行，观察一群国际艺术家创作的涂鸦艺术，并进行以项目为基础的联系。接下来是拜访社区合作伙伴，为学生提供志愿服务和实习机会。最后一站是参观城市邻近的园艺区。

这种体验的目标是，强调通过项目式学习将学生亲身带入到社区中。随着参与者们不断接触和反思在底特律进行的真实项目，他们被要求放下作为项目式学习重要元素的社区参与者的角色，转而评估其学校社区中不同的教学方法应如何改变或增加这种联系。

参与者们面临的问题包括："如何设计出这样的学习机会？""这种学习机会为什么不是司空见惯的呢？"以及"这样的学习机会如何才能成为常态？"

虽然新技术联盟峰会以短途旅行结束，但其核心内容是针对从问题识别到提高学生成绩等真实学校挑战的浸入式案例研究。与新技术学生体验一样，学校领导团队也沉浸在应用和相关的综合学习中。

先前的特殊教育教师塞斯·安德鲁于2005年创办了民主预备公立学校（Democracy Prep Public Schools），并于次年在哈莱姆区开办了他的旗舰中学。截至2009年，这所学校是哈莱姆中心地区执行最佳的学校，也是纽约市排名第一的公立中学。到2016年，十七校民主预科网络成为低收入家庭学生公民教育和大学准备的典范。

在开发了这个全国最重要的校园网后，安德鲁了解到，尽管存在经济、政治和传统结构的障碍，一个专注的团队可以开办伟大的学校，改变学生的生活轨迹。问题是，学校网络的增长是线性的——每年增长大约10%——而挑战则呈指数级增长。

卡内基基金会（Carnegie Foundation）支持的改造现有学校的工作复杂并充满不确定性。发展新学校，特别是在经验丰富的民主预备学校网的支持下，会取得良好的业绩，但其过程缓慢而昂贵。该行业面临的紧迫问题是如何加速扩大影响。

新技术联盟面临着多个学区对实施其学校模式感兴趣的要求，但这些学校希望通过多种途径采用和适应新技术实践，但这种新技术实践比传统的多年全校实施获得的支持更少。与峰会学习项目类似，新科技开发了新科技团队，这是一种更快、更廉价的启动策略，为教师团队提供更少的培训和指导，同时仍然提供艾科平台、集成项目库和可选的专业开发。新技术团队与整个学校的实施相结合，灵活地充当学校和全学区努力转型的起点。

新技术联盟目前进行的最为激动人心的创新举措之一是，通过多方面的设计努力，使各地区能够传播创新、扩大规模、持续创新。新技术团队意识到扩大创新型学校需要广泛的支持以推动体制的转变，并呼吁采用关联学校数据的高度可适应方法来评估学生的成长。2017年，新技术联盟学生成绩报告证明，这种网络化方式可以为农村、城市和郊区学校不同类型学生带来成功。

发挥教师领袖主动性的另一项举措是在科罗拉多州丹佛创建一个微型学校网络。这些创新学校提供个性化、全儿童学习，并与社区联系紧密。这些小型学校或作为教师主导的学校而蓬勃发展并成长为较大规模的学校，其做法或被寄宿学校所采用。

小型的、以教师为驱动的学校已经存在了20年，但平台和网络使开办和管理创新型的个性化学校更为容易，也有望进一步加速其影响。

网络结构设计

多数人通过网络工作和学习，有些学习是正式的，有些则是非正式的。关于网络产生积极影响的研究越来越多。基于彼得·普拉斯特里克和马德琳·泰勒的网络手册以及社会变化互动研究所网络专家柯蒂斯·奥格登的观点，我们在有效的网络结构及教学案例中总结了10条经验：

不同的结构有不同的用途。松散、多中心结构可加速成本效益的扩散。教育部为未来就绪学校（Future Ready Schools）提供了赞助。该校是松散的学区附属学校，致力于前进的设计原则。

基于综合学校模式和严格控制的集中型网络提高了保真度。成功学院是为低收入家庭的纽约市小学生服务的管理型网络。他们通过松散化网络教育学院（Education Institute）分享他们的学校模式。

留意主导网络中心的影响。主导网络中心对解决常规技术问题或支持定义策略的执行是有益的。主导网络中心通常不太适合适应性挑战，即那些以前从未经历过的挑战或者高度变化的挑战，其中每个节点的周围是不同和变化的。一个主导网络中心可能阻碍信息和资源的流动，阻碍其他网络成员之间发展强劲的关系。

设置越是动态，节点越是分化，外部引入（倾听和观察客户或利益相关者）就越重要。这鼓励节点级的创新和迭代，并促进网络共享。

鉴于城市学区的规模和各种需求，很多城市学区采取了组合策略以利用网络的力量。像丹佛公立学校这样的学区并没有努力开发最佳的实践教学方法，而是培育和授权特许管理组织以及区内"创新学校"网络。尽管每个网络都有独特的学习模式、工具和专业学习经验，但丹佛的所有学校，无论以何种形式管理，都会共享招生、资金、设施、交通和问责制。这种组合方法为父母和教育工作者提供了独特的选择，允许在动态系统中同时进行多种创新，并避免了与主导网络中心相关的问题。

建立牢固的联系　强大的连接外围使网络具有适应性。将责任推到边缘有助于网络生存和发展。许多网络正进行自上而下、以中心为核心的转变，并将外围视为常态。

连接边缘从共享值开始。国家学术基金会（NAF）在461所高中拥有675名职业学院成员。他们共享小型的学校机构，即一个核心的职业主题课程，以及结合大学和职业准备和处置技能的国家学术基金会轨道认证系统。前执行副总裁安德鲁·罗斯坦说："在建立和维持由教育、商业和社区领导人组成的国家学术基金会网络中，每个成员都重视增强联系和共享资源的重要性，并见证了初步关系逐渐成长为长期伙伴关系的过程。"

共享的基础设施对有效的联络至关重要。个人国家学术基金会（myNAF）轨道平台连接了包括学生、校友和注册招聘伙伴在内的成员。平台和认证系统简单、具体、富有意义。

在转变结构上投资　随着网络的发展，其转变结构需要不同的关照类型。每项任务都涉及开发连接、校准和生产，但是分布在截然不同的结构环境中。

经过20年的分散运作，力量计划网络更多的是作为一种资源而不是需求投资于课程，以更好地支持教师和地区合作伙伴，扩大影响力。

理念公立学校在得克萨斯州有50多所学校，利用全国咨询委员会的专业知识，通过网络识别并启动个性化学习实验。这些实验测试教学策略、软件、日程安排和结构。

学习集会（The Learning Assembly）是一个学校支持网络联盟，包括公民学校（Citizen Schools）、数字承诺（Digital Promise）、汉兰达学院（Highlander Institute）、纽约艾尊（New York iZone）、学习发动（Learn Launch）、飞跃创新（LEAP Innovations）和硅谷教育基金（Silicon Valley Education Foundation）。他们支持195所学校的个性化学习测试。这些测试帮助学校针对策略和工具做出知情决策。

让网络发挥作用　跟商店里的自助付费结账零售系统、自助加油、银行里的自动柜员机一样，自动化常常把工作推给最终用户。强大的网络为自我发展和共同创造创设条件，它并未将成员看作被动的提取者，而是让他们合作起来创造价值。新技术联盟中教师创建并共享项目单元就是例子。

通过连接融汇价值　强大的网络不做守门员，而是鼓励共同创造，并允许流行节点吸引和分享资源。他们会避免做那些会员认为没有价值的事情，在得到授权之前重视贡献。

比起聘请顾问开发小学模式，新技术联盟鼓励圣何塞的凯瑟琳·史密斯小学加入并支持他们的创新工作，使之成为网络基本模型的基础。其他小学也快速跟进，现在有超过20所小学在新技术联盟中共同学习。

利用变异强化网络　网络创造适应的能力关键取决于其成员之间协调的专业能力。例如，领袖公立学校（Leadership Public Schools）是位于加州奥克兰的一个小型高中网络，它采用分布式的合作创新策略，每所学校都参与到计划中，并与其他学校密切合作，开发新的能力。

强大的网络鼓励差异，但也能跨越管理和地理界限建立彼此的联系。新技术联盟学校共同关注基于项目的学习，但许多学校有着独特的使命，这些学校位于城市和农村，有的专注于科学、技术、工程和数学，也有的以艺术为中心，有深受欢迎的学校，也有停办恢复学校。

世界通过网络紧密相连　如果你能将这些群集编织在一起，你所构建的网络会发展得更快，并具有更直接的关联性和能力。"深度学习公平团体"（Deep Learning Equity Fellowship）是一个构建能力的例子，这是一个大图景学习与国际网络（网络服务于网络）之间的合作团体。

促进公平和多样性　我们都存有隐性的偏见，这种偏见会渗入网络中并成为网络的一部分。强大的网络通过鼓励互动和设计思维来对抗偏见，这始于同理心。

匹兹堡重塑学习网络（Remake Learning Network）的成员来自250所学校、图书馆、大学、初创企业和博物馆，通过创新教学的共享议程来追求公平。新思维源自不同领域、经历和观点的碰撞。

保持灵活的计划　网络倾向于规划两件事：规划他们依次要承担的项目并规划整个网络的发展。地区和网络在执行变革议程时，使用项目来分配和发展领导才能。

这些课程提出了一套用于网络作业的核心技能：探究、设计思维、培养信任、建立联系、求同存异、支持自我管理和共同创造。

网络的前景在于：整体大于其各部分的总和。改善美国公立教育学校总是前景渺茫，其速度之慢令人苦恼。这引发了我们在某段时间去提高学校的同时，有关公平和迷惘的一代等各种各样问题的讨论。网络可以加速学习和学校的改善、降低风险，从而提升学生学习成绩，网络的发展前景远远超过任何一所孤立运作学校的合理预期度。

因此，在网络环境下，聚集的网络组织的个人姿态和特征至关重要。即使在我们面对面工作的单一组织和学校里，培养有纪律、深入、持续的协作学习和改进活动也是一项艰巨的任务，在网络中要做到它（人际关系的构建因缺乏面对面的交流而受限）则更为困难。如果网络中的个人组织没有接触到改进工作，对改进工作也没有任何方向感，那么产生类似网络的行为以及跨多个学校或组织进行有纪律、深入的、持续的协作学习活动就会变得更加困难。学习型组织是实现学习型网络力量的关键。

拓展阅读 ─────────────────────────

1. http://www.gettingsmart.com/wp-content/uploads/2016/05/Singapore-American-School.pdf

2. https://www.carnegiefoundation.org/wp-content/uploads/2017/04/Carnegie_Bryk_Summit_17_Keynote.pdf

3. http://networkimpact.org/downloads/NetGainsHandbookVersion1.pdf

4. http://www.gettingsmart.com/2017/04/competitive-coherent-creative-21st-century-school-district

第 8 章

动态网络
选定合适的结构扩大影响力

全国的教师正在努力使有价值的学习和新工具个性化，但是在许多学校，教师并没有从为了取得成功而设计的完全一致的系统中受益。个性化学习模式的构建和管理是有挑战性的。基于能力的推进增加了该模式的复杂度，并要求团队的高度协作和新形式的学生、教师及学校支持。开发或使平台工具适应学习模式是一个很大的技术挑战。加之人才开发的需求，这是一项令最有经验的团队也望而生畏的三重目标。

通过提供设计原则、课程材料、技术工具和专业学习机会，网络使创建新的优质学校或改造现有的学校更为容易。因此，学校网络在逐步提高教学质量上发挥越来越重要的作用。虽然少数英雄式领袖学校能够长期独立运作，但是大多数学校应该加入网络，或在网络环境内，或在类似于网络的区域内运作。

128

校园网络类型

校园网是现代美国基础教育中最重要的革新之一。校园网提高了学生的学业水平与毕业率，并在最需要它们的社区扩大了选择范围。

田纳西州通过成就学区（Achievement School District）获得了五个国家校园网的帮助，并开发了七个本地学校网以支持该州业绩最差的学校。从那以后，由成就学区支持的85所学校都表现出富有前景的改进。

从阿肯色州的乡村社区樱桃谷（Cherry Valley）到得克萨斯州的埃尔帕索（El Paso）等大区，各学区与新技术联盟建立了合作关系，他们在周边区域创建有吸引力的学校，数十年如一日地努力提升办学质量。

个性化学习的到来使学校模式愈加重要。与精密医学一样，个性化学习需要复杂的平台和大规模的信息化基础设施。在教育体系中，信息化基础设施极有可能由大型学校网络开发，并致力于共享的学习模式、评估系统和平台。

所有人：开展精密医学

美国国立卫生研究院（NIH）发起了一项名为"全民健康"（http://allofus.nih.gov）的研究，加入该研究的100多万名志愿者提供基因数据、生物样本和其他健康信息。为了鼓励开放数据共享，参与者可在研究期间访问他们的健康信息，并使用相关数据进行研究。研究人员将利用这些数据集研究一系列疾病，以更好地预测疾病风险，了解疾病如何发生，并找到改进诊断和治疗的策略。该项目的架构是美国业界和大学结成合作伙伴关系，这也是精密医学的原型。

　　图8.1比较了六种类型的网络，从围绕设计原则的自愿关联（松散设计和松散控制）到管理型网络（紧密设计和紧密控制）。第一个项目符号后为关键特征，第二个项目符号后是网络案例，最后两个项目符号后是支持该战略的资助者和倡导者示例。

紧凑	设计型网络： • 围绕综合设计的成员资格 • 国家学术基金会（NAF），克里斯多雷伊（Cristo Rey）、大图景学习（Big Picture Learning） • 卡内基（Carnegie）/春点学校（Springpoint）	平台型网络： • 品牌、软件和服务协议 • 新技术联盟（New Tech Network）、顶峰学习（Summit Learning）、项目引领未来（PLTW） • 陈·扎克伯格倡议（CZI）、休利特基金会（Hewlett Foundation）	管理型网络： • 企业组织 • 立志（Aspire），阿尔法（Alpha），斯泰普尔顿（DSST），理念（IDEA），和谐（Harmony），苹果树学院（Appletree Institute） • 特许学校发展基金（Charter School Growth Fund） • 沃尔顿（Walton），盖茨（Gates），布劳德（Broad），可恩基金会（Kern Foundation）
学校模式	原则型网络： • 非正式附属 • 未来预备学校（Future Ready Schools）、创新学校联盟（League of Innovative Schools），21世纪领袖教育（Ed Leader21）	自发型网络： • 品牌与服务协议 • 亚洲学会（Asia Society） • 远征教育（EL Education），联合教育（ConnectED），青年团（Youthbuild） • XQ超级学校（XQ）	组合型网络： • 分权制组织（decentralized organization） • 芝加哥国际特许学校（Chicago International Charter School） • 芝加哥教育（New Schools for Chicago），盖茨基金会紧凑型城市（Gates Foundation Compact Cities）
松散	松散	支持/控制	紧凑

图8.1　网络类型、示例和投资者/拥护者

管理型网络：特许管理组织（CMOs）已经发展到2800多所学校（占所有特许管理组织的40%）。该组织有50多个高质量、简易版特许网络，它们多数共享学习模式、专业学习支持和日益增多的平台工具。代表性样本如下：

和谐公立学校（Harmony Public Schools）在得克萨斯州有54所以科学、技术、工程和数学为核心的学校。理念公立学校（Idea Public Schools）是由南得克萨斯州61所混合学校组成的联盟。立志公立学校（Aspire Public Schools）为加利福尼亚州和田纳西州40所学校的16000名学生提供服务。斯泰普尔顿公立学校为11所丹佛学校的10500名学生提供服务。

几个新的特许网络使用创新学习模式。阿尔法公立学校（Alpha Public Schools）是加利福尼亚州圣何塞的一所小型混合领军学校。加州圣迭戈的繁荣公立学校（Thrive Public Schools）融合了个性化学习、项目式学习和社会情感学习。

在特许学校竞争的驱动下，亚历克斯·马加尼亚引领科罗拉多州丹佛的格兰特灯塔中学（Grant Beacon Middle School）进行了成功转型。学区领导要求亚历克斯创建网络系统，帮助业绩不佳的学校效仿其成功。2016年秋天，灯塔网络公司开办了第二所学校。作为丹佛公立学校系统内的创新学校，这两所学校都享有类似特许学校的自主权。每所学校的教和学都注重批判性思维、通过混合式学习进行个性化学习、性格培养和拓展日充电机会。

另一个早期学区内部网络的例子是得克萨斯州埃尔帕索的梅西塔小学

（Mesita Elementary School）。梅西塔小学是多校区双语领军者，通过与支持250个职前教师的得克萨斯大学埃尔帕索大学的合作，带头致力于双语教学。

威尔德弗朗教育（Wildflower Schools）是一个发展中的蒙特梭利微型学校国家网。它成立于2014年，开发了一种开放源代码模式，帮助教师领袖们创办新的学校。威尔德弗朗学校的每位教师领袖至少在一所威尔德弗朗学校担任董事。他们创建了一个由共同的理念和关系网连接起来的学校社区。

苹果树研究所（Apple Tree Institute）是由华盛顿特区10所早期教育特许学校组成的管理网络（将特许立法扩展到早期教育的唯一辖区）。"为每个孩子做好准备"（The Every Child Ready）的课程是由联邦i3基金开发的，内容包括课程设置（教什么）、专业开发（如何教）和评估（如何知道课程是否有效）。苹果树是利用政策创新和资助机会来扩大社会影响的典范。

在商界，这些垂直一体化的网络被称为企业系统，它们是致力于公共流程、系统和指标的组织。一些小区域以管理网络的形式运作。

平台型网络：正如第6章所讨论的那样，顶峰公立学校既是创新型西海岸中学的管理型联盟，也是在陈·扎克伯格倡议支持下的平台型网络组织，330所学校团队可以使用顶峰学习的学习平台和支持服务。

在这本书中广为讨论的新技术联盟，也是一个基于共享的项目式基础教育学习模式、学习平台和提供专业学习机会的平台型网络。

泰顿科学教育（Teton Science Schools）是爱达荷州和怀俄明州的小

型社区网络学校。联盟中的基础教育学校、现场教育项目和研究生院是地方本位教育的最佳范例——以学生为中心，将学生的参与作为教育的重心。他们提议的地方学校计划（Place Schools Program）是个性化的乡村微型学校网络。

阿尔特教育（Alt School）是一家以创业为基础的旧金山初创公司，管理着初级微型学校的小型网络，并开始允许伙伴学校获得其个性化学习平台的访问权。"我们是一所以项目为基础的学校，我们使用各种评估方法了解孩子的位置。"教育学和研究副总裁科琳·布罗德里克说，"我们在加倍关注如何让孩子们了解自己潜力的同时，让他们成为自己社区的变革者。"在给予教师们诸多选择的同时，布罗德里克正努力将"学习流程"进行清晰的表述，以便老师不必总是绞尽脑汁地弄明白下一步该怎么做。这个平台不需要单一的学习模式，但提高了那些致力于通过儿童全能开发和个性化学习，来培养学习者主观能动性的学校的价值。

奇迹教育（WonderSchool）是一家位于洛杉矶的"学前教育"平台，通过这个平台所有家庭都能轻松开启学前教育。与之相似，曼哈顿的一家创业公司小屋课堂（CottageClass）使得人们可以轻松地开启全日制或半日制的微型学校学习机会。

2014年，俄亥俄州马里昂的三河职业中心的拉姆技术（RAMTEC）项目，成功使开发两项领先机器人系统的高中生获得认证。该州提供补助金，允许将该项目扩展到其他22个网站，并允许中学生、大学生以及成人学习者进入。因此，俄亥俄州的数百名年轻人通过这种继续教育的机会从事高薪工作。工作即学习,这是他们提高技能的阶梯。

虽然不是完整的教育模式,但项目引领未来(PLTW)在学习平台(开源学习管理系统)上提供科学、技术、工程和数学(STEM)课程,并提供相关设备、实施支持、现场教室支持和专业学习机会。印第安纳波利斯的非营利组织鼓励教师通过参与来分享最佳实践经验和灵感。

圣迭戈的非营利组织艾维德(Advancement Via Individual Determination,简称AVID),是一个为约6000所学校提供全面大学入学准备的组织。或许更为重要的是,艾维德有助于创建大学校园文化。首席执行官桑迪·赫斯克说:"老师们参与进来,拥有共同的信念与实践并进行互相培训时,学校文化会随之改变。"会员学校与艾维德周刊、地方和区域培训、暑期学院以及12月份的全国性会议保持同步。因艾维德将课程和资源数字化,目前正在发展为一个真正的平台型网络。

9500多所高中和大学提供思科网络技术学院(Cisco Networking Academy)的网络平台。他们通过网络共享课件、专业学习和认证考试。每年有一百多万名学生加入该网络。

有几个数字化课程供应商已发展为平台型网络。爱贝施学习(Apex Learning)提供中等教育课程、教程、实施支持和专有平台的专业开发。驱动教育(Fuel Education)通过高峰平台提供在线中学课程。爱德华斯(Edgenuity)提供基础教育课程、专业发展和虚拟教学。

设计型网络:这些成员网络是致力于设计原则与后勤服务的学校自发性组织,均从慈善捐助中受益。

以实习为重点的大图景学习（Big Picture Learning）合作伙伴学校分享了一种记录翔实的以学生为中心的学习模式。大图景学习为52所美国学校和39所国际合作学校提供网络支持。远见教育（Edvisions）也是一个类似的上等的以学生为中心的中西部网络平台，旗下有37所附属学校。

国家学术基金会（NAF）是全国最大和历史最悠久的网络之一，在461所高中拥有675名职业研究成员，为10万多名学生提供服务。他们共享小型学校结构和核心型以职业为主题的课程，课程聚焦在五个蓬勃发展行业的其中之一：金融、酒店和旅游、信息技术、工程和卫生科学。国家学术基金会跟踪认证（NAFT track Certification）系统将大学和职业准备技能和配置整合到一个综合性累积系统中，该系统将学校和实地课程与导师的反馈结合起来。

阿克顿学院（Acton Academy）

得克萨斯州奥斯汀的一所小型、勇于创新的学校声称："每一个进入我们学校的人都会听到改变世界的召唤。"

阿克顿学院是一所小型私立基础教育学校，通过轻量级特许经营方式，已扩展到8个国家的80多个地点。一些新学校只有10名学生，而更成熟的地方则容纳接近最大规模的120名年轻人。

世界各地有5300名家长想为自己的孩子申请进入阿克顿学院。

阿克顿学院使用苏格拉底式提问培养学生们的深度思考能力，通过同伴教学和学徒制让学生认识真实的世界，通过在线学习使学生掌握阅读、语法和数学基础。学校用博弈论激励机制设计的实践项目，通过解决实际问题、分析道德困境、做出艰难决定、说服观众采取行动、为世界创造创新机会、解决个人冲突甚至是创造和管理财富的方式为年轻人提供了深入研究艺术、科学、世界史和经济学的机会。

然而，学校最终的目标是教会学生如何学习、学习如何行动并学习如何成为想成为的人，这样每个人都会听到召唤并去改变世界。每个从阿克顿学院毕业的人都会满怀热情地规划生活中的下一步——无论是上一所好的大学，还是花一年的空闲时间去旅行，亦或创业。

精通协作（The Mastery Collaborative）是一所由纽约42所公立中小学组成的实施基于能力的学习的学校联盟。他们共享设计原则和技术援助，参加季度会议和暑期学院。"我们正在大刀阔斧地调整教学和学习的方向——设计学习弧，展示学生独立掌握的能力。这与传统的课程和授课方式是截然不同的。"支持网络的约翰·杜瓦尔解释说。他们正在开发一本非常具体的手册，这本手册可以使教师在学生获得授权、透明度高、重点关注技能提高时，了解课堂上的教学是什么样的。该联盟是区域内网络引领一系列综合创新的良好范例。

自发型网络：由于对场地要求更为灵活，自发学校网络共享设计原则和专业发展服务（但它不是一个平台）。

在探索和户外拓展（Outward Bound）的基础上，远征学习教育（EL Education）有152所学校近期在关注课程。执行理事斯科特·哈特尔认为他们的工作是充当网络的"软件"。哈特尔说："我们不是电脑操作员，我们是软件，是学术项目和成人学习的核心，是文化和思潮的蓝图。"随着数字课程的更新，远征学习教育将逐渐发展成一个包含内容、平台和专业学习服务的重要课程网络。远征学习教育如今正在启动一个关于领导能力的发展项目，这个项目的重点是进行职业定位培训，即"领导力不是某个人，而是一种功能"，这个观点在学校体系内得到广泛传播。

国际公立学校网络（International Network for Public Schools）近期服务于位于八个州和哥伦比亚特区的27所学校和学院的移民。除了支持网络教育，该组织还为这些地区提供咨询服务，以提高英语学习者的学习成果。亚洲学会国际研究学校网（ISSN）在八个州有34所学校，这34所学校共同关注四项全球能力，即调查直接接触的环境以外的世界、了解立场、交流思想和采取行动。该学校网络的设计包括共同的愿景、使命和文化；共享的学生学习成果、组织和管理结构、社区伙伴关系、专业发展周期、课程、教学和评估框架。

城市集会（Urban Assembly）通过21所以学生为中心的公立中学和高中为9000多名学生提供服务，这些学校包括7所职业技术学校和3所女子学校。

青年团（Youth Build）是一个由46个州的260个高中项目组成的网络，组建青年团的目的是提高建筑相关行业的就业能力和领导能力。（这些设计和自发型网络早期得到了比尔及梅琳达·盖茨基金会的支持。）

2006年，在詹姆斯·欧文基金会（James Irvine Foundation）1亿美元的

资助下，加利福尼亚伯克利非营利组织联合教育（Connect Ed）开发了"连接学习"（Linked Learning），这是一种将严谨的学术、基于职业的课堂学习、基于工作的学习以及综合性学生支持相结合的综合性学习方法。加州的9个区，从规模较小的波特维尔联合学区到规模宏大的洛杉矶联合学区，都获得了实施一揽子改革计划的巨额拨款。学校共享联合教育工作室（Connect Ed Studios），它为学生工作实施和评估提供数字环境支持。社会责任研究所（SRI）发现，学习条件良好的学生从高中毕业的可能性更大，退学的可能性更小，平均而言，他们获得的学分也同样更多。在最初的捐款资助计划于2015年结束后，联合教育在资金赞助下开始与其他州的学区展开合作。

高级专业研究中心（The Center for Advanced Professional Studies，简称CAPS）为位于堪萨斯郊区的蓝谷学区的学生们提供了探索、工作技巧和专业学习的机会。在轻量级的自发型网络中，该项目已经通过高级专业研究中心被70多个学区效仿和改编。

LRNG是由9个合作城市的校外学习提供商组建而成的全国性网络。学习者通过完成在线或个人的体验列表来获得奖章，这是一种公开共享的数字凭证，可以用来提供你学习的证据。LRNG正在发展为一个全国性的平台网络；我们可以把它看作是学习体验的"优步"，因为加入LRNG网络的城市、供应商和学习者的数量在不断增加。

原则型网络：围绕共同原则的松散网络可以快速而低价地扩展，但由于缺乏平台、提供的专业学习有限，它们在实施上面临变化巨大的困境。

　　超过3100个学区已经承诺遵守"未来预备学校"（Future Ready Schools）的原则，这是2014年由美国教育部和优秀教育联盟（Alliance for Excellent Education）共同发起的一个项目。他们给予的支持包括地区集会、提供工具和资源。

　　21世纪教育领袖（Ed Leader21）作为为儿童而奋斗的项目，是一个由200多位学区领导组成的全国性网络，他们对深层次学习成果有着共同的兴趣。会员可以获得资源的使用来促进"4Cs"的整合，"4Cs"即批判性思维、沟通、协作和创造力。

　　佛蒙特大学塔兰特学院与该州22所学校合作，支持他们向"以学生为中心、科技含量高的青少年教育模式"迈进。

　　组合型网络：作为一种级别策略，最小的类型是组合网络。像芝加哥国际特许学校一样，它们作为多样化的学校模式共享学校监管和后台支持系统。

　　大多数学区作为组合型网络的一部分，以某些已经确定的学校模式（可能是共享的课程和校历）、毕业要求和支持性服务进行运作。与简易型网络不同，学区的决策框架通常是一个经过多年实践和政策演变的、模糊的谈判解决方案。这些特殊的管理系统使得创建角色和明确目标变得富有挑战性，这是执行并取得满意的关键。

最佳策略级别

　　如图8.2所示，每类学校网络都有其独特的优势和挑战。管理型网络

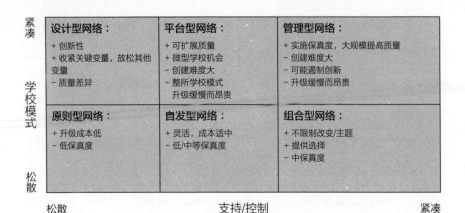

设计型网络： + 创新性 + 收紧关键变量，放松其他变量 − 质量差异	**平台型网络：** + 可扩展质量 + 微型学校机会 − 创建难度大 − 整所学校模式升级缓慢而昂贵	**管理型网络：** + 实施保真度，大规模提高质量 − 创建难度大 − 可能遏制创新 − 升级缓慢而昂贵
原则型网络： + 升级成本低 − 低保真度	**自发型网络：** + 灵活，成本适中 − 低/中等保真度	**组合型网络：** + 不限制改变/主题 + 提供选择 − 中保真度

左侧纵轴（自上而下）：紧凑　学校模式　松散
底部横轴：松散　　支持/控制　　紧凑

图8.2　不同类型网络的优点与不足

的构建成本十分高昂且具有挑战性，却提供了最一致的质量。在管理型网络中注重执行可能会扼杀创新和创造性。

设计型网络和原则型网络是低成本分享成功的学校模式。像21世纪教育领袖这样的网络（为儿童而奋斗）为机构主管提供了一个专业的学习社区。这些低成本的附属机构可以成为分享最好实践的动态场所，但也可能因失去动力而瓦解（就像基本学校联盟一样）。这些网络的缺点是广泛的实施保真度。

随着技术的进步，平台型网络正成为衡量学习模式最具吸引力的选择。与管理型网络一样，平台型网络也依赖于昂贵而缓慢的新学校的开发。如图8.3所示，特许管理组织顶峰公立学校创建了顶峰学习（Summit Learning），这是一个对教师团队免费开放的平台型网络，教师可以申请进

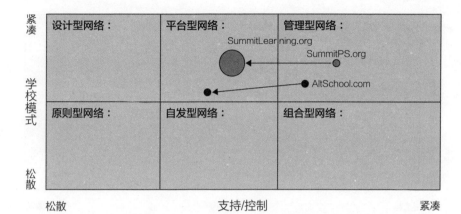

图8.3 网络模式：迁移以扩展影响

入学习模式、平台和专业学习。与此类似，风险投资支持的阿尔特学校
（AltSchool）最初是一个管理型网络，但已将重点转向了基于订阅的、供
合作学校使用的平台型网络。

与新技术联盟一样，阿克顿学院已经开发一个平台并将其扩展为一个
平台型网络。如图8.4所示，阿克顿式的复制是一种简单的特许经营方式，
"所有者"（必须有孩子在学校上学）只需支付少量费用就可以加入网络并
使用阿克顿品牌。他们认可一套共同的做法，都安装了内斯特摄像头，并
创建了一种在学校网络范围内能观察阿克顿学院实际情况的网络。阿克顿
有90多所学院，1/5的学校分布在全球其他国家，包括南美和马来西亚的所
有者在网上免费分享最佳实践。该公司创始人杰夫·桑德威说，他每周会
通过网络从同事那里获得三个创意。

如图8.5所示，项目引领未来（PLTW）和艾维德（AVID）是包含课程、

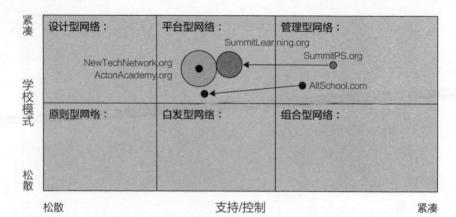

图8.4　网络模式：成长中的平台型网络

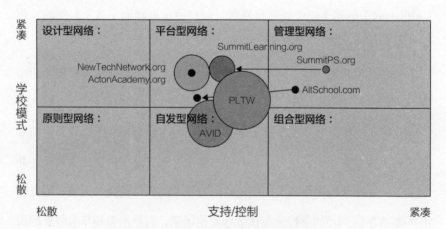

图8.5　网络模式：成长中的课程网络

课程设置、专业学习和协作机会的综合性项目案例。这两个项目持续将更多的资源转移到网上，并在此过程中转变成类似平台型网络（这将使其如图8.5所示更进一步向顶峰学习迈进）。如果这些非营利组织利用双向互动和潜力进行合作创造，它们都会变得更加动态化，进而改善教师体验和学生学习。

校园网络提示

第二部分阐释了高效学习的案例，并证明当教育工作者们通过网络进行合作时更有可能产生这些体验。我们对本部分进行了总结并提供了如下提示：

- 教师：确定感兴趣的网络，然后定位和参观当地的会员学校。

- 教师领头人：开办（或加入）专业学习社区，扩大你的影响力。

- 学校领导：假如你在一个要求使用特定工具和服务的学校（例如组合型网络），为了获得连贯的学习模式可以将设计型网络作为潜在的支持系统。

- 成功的学校领导：提议多校园拓展或学区内网络。

- 校监：对于面临困境的学校或教育水平低下的区域，将平台型网络视为潜在合伙人。管理型网络可能会发展为组合伙伴（在第10章会深入探讨）。

- 课程主任：考虑具有在线内容与资源以及专业学习机会的课程网络。

- 供应商：网络可以以高保真的形式扩大工具或平台的规模。计划一个试点项目以得到高质量用户数据。

　　第三部分是关于大规模高效学习体验，领导、网络战略、治理和公共政策的杠杆。

拓展阅读 ————————————————————————————

1. http://www.gettingsmart.com/2017/02/kepner-keeps-true-innovation-model

2. http://www.gettingsmart.com/2016/07/dual-language-education-for-equity-economic-development

3. http://www.gettingsmart.com/2016/04/dc-extends-performance-contracting-k-12-pre-k-residential-adult-ed

4. See a list of 10 districts that operate as networks at http://www.gettingsmart.com/2017/01/how-to-create-experiences-and-scale-environments-that-change-lives

5. http://www.gettingsmart.com/2017/05/altschool-designing-the-future-learning

创新教学的有效策略

Navigating the Future... Starting Now

第 9 章

领导力
从合规到协议制定

"更深度的学习成果对所有孩子都有益。"凯茜·戈麦斯主管说,"深度学习可以提高学生的主观能动性、自信心和终身学习能力。不管学生是在念大学还是找工作,他们都会有'我可以解决问题'的意识。"

戈麦斯是常青树小学学区(Evergreen Elementary School District)的带头人,该学区为加利福尼亚州圣何塞市的富人和高需求社区提供服务,要满足所有学生的需求,对学区来说面临着一系列挑战。常青树小学学区也是凯瑟琳·史密斯小学的所在地(第5章有详细介绍),这里的大多数学生是英语非母语学生,生活接近贫困线。新技术联盟作为学区的设计合作伙伴,与常青树教育工作者紧密合作,共同致力于为所有学生提供深度学习机会。随着学校从传统结构向以学生为中心的创新模式转变,这一地区的愿景正在引发重大转变。

"对于常青树来说,结合信任、尊重和责任这一文化基础,实施以项

目为基础的教学方法，意味着学校确保所有孩子脱离原有体系，获得深度
学习成果所带来的社会和学术自信。"戈麦斯说。

戈麦斯指出，对于那些为学生寻求深度学习体验的学区，组织变革往
往更多的是文化层面的，而不是技术层面的。"老师们以先前被教导的教
学方式教授学生。"她解释道，"对于教师和管理人员来说，他们一直固守
成规，因此持续做他们一直做的事很简单。"实施技术转变，包括新技术、
新课程、新空间，不解决现有的文化问题会使这些转变更为低效。

文化的转变需要领导者在工作人员和合作伙伴面前示弱，戈麦斯说：
"你必须保持完全诚实的心态，并通过展示你的缺点而示弱。"开放的精神
有助于建立与员工的信任，从而使他们相信有转变的自由。

戈麦斯给学校领导者时间和空间选择新的工作重心，以更好地了解学
生的需求。她通过改变学区内问责制的讨论方式为该工作清除了路障，戈
麦斯说："我们正花费很多时间讨论成果而不是（陈述）考试成绩。在自
主和明确目标之间保持平衡，对于在更广的体系内建立信任大有裨益。"

父母对学校运营成功起到至关重要的作用，他们在支持抑或不支持某
一方针上有发言权。戈麦斯说："确保父母理解这种转变的'原因'至关
重要。"如果孩子们快乐地学习，父母通常也会感到快乐，但仍有很多父
母对非传统的学习环境感到不适。他们可能会被非传统环境所吸引，但当
将其应用于自己的孩子时仍有些犹豫。然而正如戈麦斯所说："那没关
系！慢中求稳才能赢得比赛！"

持之以恒，而非英雄式的领袖模式，这才是关键。戈麦斯指出，变革

形成制度化需要时间。尽管存在传统的地区结构，谈话的话题源于一线教师而非高层领导。然而，学区官员们提出问题而不去解决问题。尽管如此，戈麦斯对未来的工作仍抱有希望："我们致力于培养领导能力，帮助我们的领导团队和老师们思考他们为什么做正在做的事情，并最终帮助他们释放进入这个行业时所拥有的激情。"

"我们选择了新技术联盟，该联盟给予我们机动权，没有必要严格执行某一固定模式。"她说，"我们的指导团队给予的量身定制的支持是至关重要的，因为我们希望通过我们的学区推广深度学习。"不过，她表示，如果该学区在合作初期没有完全展示针对自身需求的坦率评估，就不可能获得这样的战略支持。

这种大规模的转变绝非易事。那么，为什么要一开始就进行学区重新设计呢？"因为这是明智的做法，"戈麦斯解释道，"如果我们想让孩子为未来做好准备。"

引领深度学习：来自常青树学监凯茜·戈麦斯的提议

- **领导层**：甘于示弱。
- **文化**：深度学习更应该是文化而非技术上的转型。
- **信任**：要全面采纳，需要员工们的信任，要使员工相信他们有转变的自由。
- **时间**：需要时间才能使转型制度化。

- **发言权**：通过将校长、教师和学生的意见融入到新实践中，开发整个体系的领导能力。
- **合作伙伴**：挑选与你的视野和价值观一致的人。

针对教师的个性化学习

微证书是一种数字认证形式，可以展示一个人在某一特定技能方面的能力。作为一种进度跟踪和信号系统，微证书因其为个性化、基于能力的专业学习提供了一种很有前途的方法，在教育体系中越来越受欢迎。

凯特尔·莫雷纳学区负责人帕特丽夏·德克罗茨说："微证书的美妙之处在于它为教师提供了我们希望给予学生的体验。不仅有出勤方面的要求，还需要学生的学习展示、学习作品和学生反思。"

德克罗茨说："社区希望所有学生进行个性化学习。"但她也指出，许多老师并不准备在所有课程中进行个性化读写技能的讲授。例如，数学老师在读写策略方面没有接受过指导。德克罗茨并不要求所有老师去上课，而是鼓励高中领导去发展读写微证书。

威斯康星州密尔瓦基市西部的凯特尔·莫雷纳学区的领导们致力于教师在获得微认证过程中的专业素质发展。微证书并非要强加一种合规文化，而是增强了教师的领导能力并保持了与学区方案的一致性。与传统的专业发展相比，德克罗茨认为这种方法考虑到了对于课堂学习的影响，因而更加稳健。德克罗茨说："微证书在我们的学区非常强大。"她指出，从该项目启动以来,80%的教师都获得了微证书,这使得他们可以通过展示新技能而有资格获得额外的报酬。

从2012年开始,德克罗茨在现有的设施内规划了4所小型个性化的、基于项目的特许学校。建设三所高中的规划由两位老师和大约40名学生发起。这些创新的微型学校是拉引创新战略(激励与机会)而非推式策略(普遍的合规要求)的又一案例。

凯特尔·莫雷纳是由名为"创新学校联盟"(League of Innovative Schools)的93个地区的国家网络组成的活跃成员,这是一个2014年由数字化承诺(Digital Promise)开展的学区网络。联盟成员的学生数量已达330多万人,成员由同行审查,并签署成员宪章,致力于学生学习、交际和知识共享。该联盟将地区领导人与主要企业家和研究人员联合在一起,鼓励他们充当新工具和新实践的试验台,并与感兴趣的地区建立联系,以此应对重大挑战。

德克罗茨说:"除了与全国各地的负责人建立牢固的联系,我发现加入联盟工作团队为我和地区工作人员提供了一个很好的学习媒介。特别是基于能力的学习使得每个成员积极贡献自己的力量。"她补充说,"我们不是在孤立地探索,而是列出清单,召集所有学区一起学习,这样人们就可以从其他人的开创性工作中学习并获得进一步发展。"

德克罗茨发现,在诸如基于能力的学习或教师微证书这些令人兴奋但定义不明确的领域创建新的教学实践时,作为联盟的一员,可以进行研究、获取资源,并和面临类似挑战的同行进行切磋。她喜欢沉浸在主办方举办的活动中，并珍惜两年一度的会议上有这样的机会。

德克罗茨补充说："加入工作团队永久性的价值在于，将学区愿景进行执行实施的过程中我可以发挥更为明显和积极的作用，这最终会带来更为有效、更有意义的学生体验和成果。"

引领深度学习：来自帕特丽夏·德克罗茨的小窍门

- 采用围绕共同目标、鼓励一致行动的创新激励措施
- 为教师和学生提供同类学习支持
- 为人们提供工作所需的工具
- 加入网络，以实现共同的目标

在由摩斯拉（Mozilla，浏览器名）和数字徽章技术开发的开放徽章标准（Open Badge Standard）的支持下，微证书为教育工作者提供了具体的学习验证，可以作为专业学习中的一种流通方式。数字化承诺（Digital Promise）负责280多种不同的微证书。

以用户为中心的敏捷设计

埃里克·塔克博士正在开发布鲁克林兰博网（Brooklyn LAB），这是一个将低收入家庭的学生从布鲁克林送入大学，让他们做好茁壮成长准备的中学网。塔克说："在兰博，我们认为学习体验应该满足学生们的实际需求，让他们深入探究和掌握知识，并以动态的、个性化的方式为其量身

打造挑战。"

与顶峰公立学校一样,布鲁克林兰博网由两所混合中学和一所高中组成,是一个团队同时开发下一代学习环境和平台的好案例。和顶峰公立学校一样,他们使用两种等级策略——管理型网络和平台型网络。

兰博为学生成功提供了扩展定义。塔克说:"我们正在开发和探索新的学习方法,以确定广泛而深入的学习目标,并实现跨越学术、认知和社会情感的目标。"他们倡导的"迈维斯框架"(My Ways Framework)是一个由下一代学习挑战基金(Next Generation Learning Challenges,NGLC)赞助的项目,该项目已经资助了150多所新的创新中学。迈维斯框架和顶峰公立学校的成果框架一样,是基于大卫·康利的著作并总结高等教育成功的内核而创立的:

- **内容知识**:学术和现实生活中必要的学科领域知识和组织概念。

- **创新型技能**:分析复杂问题并在现实生活中提出解决方案的技术和能力。

- **成功的习惯**:使学生能够自主学习并培养个人效能的行为和实践。

- **探索能力**:成功地驾驭大学、职业和生活的机会与选择的知识和能力。

布鲁克林兰博网是通过以用户为中心,受学生、家长和相关利益人影响的敏捷过程来设计的。第一阶段,转型团队获取用户信息,以定义为什么(价值、目的、原则)和怎样做(行为、语言、角色和任务)。第二阶段,通过试点和测试进行设计。大量的对话有助于识别什么是有效的、什么是无效的。第三阶段是分散式领导力的持续运作，重点关注快速失效的例子和较短周期创新。注重保持对反馈的开放态度以确保设计的动态性至关重要。

在兰博，约2/5的学生需求是综合性的。通过融入高强度的辅导（由助教每天提供大约两小时）和适应性技术，教师可以创建反映每个学生兴趣和需求的学习体验。

塔克说："学校领导和数据是密不可分的，部分原因在于可操作的资料使得急需完成工作的教育工作者对自己和他人都要求卓越。"

操作、教学和评估数据允许乐意学习（并且在某些事情不起作用时足够谦虚）的领导者使用证据来为有效的学术体系提供信息；实现行为一致和文化规范；指导和培养卓越的教师；完善大学准备课程；优化有意义的学习时间……我们寻求通过以学习为中心的动态文化，将学校改造成一个以学习而不是以出勤时间为基础的系统。掌握学习基于评分标准、绩效评估、标准评分和进度报告，所有这些都取决于数据。

为了给实验室的学生提供及时的、个性化的学术进步反馈，实验室团队使用了创新教育（Innovate Edu）的科特思平台，这是由埃里克的妻子艾琳·莫特引领的纽约州非营利组织。科特思平台建立在迈克尔和苏珊·戴尔基金会支持的埃德网络数据（Ed-Fi data）标准之上，可高度配置并被越来越多的地区和网络使用。

开发一个定制的、基于能力的混合学习平台是大多数网络和地区应该回避的事情，但是兰博科特思团队有才华并富有经验。艾琳是一位严肃的技术专家，她曾为美国国际开发署（United States Agency for International Development，USAID）建立了一个全球宽带联盟。而塔克博士拥有牛津大学的社会测量博士学位。

他们共同利用管理型网络的缓慢发展来展示可行方案，并迅速采用下一代平台来实现规模效应。布鲁克林兰博计划到2020年为2200名主要来自低收入家庭的布鲁克林有色人种学生提供服务，届时，科特思平台上的学生人数将是目前的10倍以上。

2016年，布鲁克林实验中学是获得1000万美元XQ超级学校项目（XQ：The Super School Project）拨款的10所学校之一。该项目呼吁美国的教育工作者、学生、家长和社区领袖反思美国的高中教育。

引领深度学习：来自艾琳·莫特和埃里克·塔克的小窍门

- **创新思维是关键**。当今世界需要我们拥有一个注重努力、主动和合作的心态。

- **以用户为中心的设计**意味着我们持续致力于倾听利益相关者的意见。

- **敏捷设计**利于快速检测和预测失败。

- 同时**开发**学校模型和平台具有挑战性，但可以带来围绕创新实践的结盟。帮助组织联合其独特的人才和资金通常是最佳方法。

- 同时进行高水平的**创新和实施**需要一系列明确员工和合作伙伴角色及目标的短期协议。

基于项目的领导力

管理创新和改进议程的最佳方法是将其分解为一系列连接的项目并分阶段启动。项目可由新兴领导者管理——组织中任何有能力、有兴趣承担更大责任的人。管理项目是一种很好的提高实践和领导技能的方式。

项目管理基础要素

项目计划应包括：

- **明确的目标**和定义明确的可交付成果
- 带有主要里程碑、团队会议和预定倡议人评审的**时间表**
- 内部和外部资源的**人员编制**预算（特别是受薪承包商）
- 包括弹性预算和时间分配的**预算**
- 与其他项目或政策的**依赖关系**

项目角色包括：

- **执行赞助商**：拥有结果并且可以批准变更预算或时间表
- **项目经理**：负责团队效率和最后的可交付成果
- **团队成员**：致力于实现团队目标，并做出应尽的贡献
- **顾问**：提供项目内部或外部资源的相关提议
- **承包商**：支付给顾问特定可交付成果的费用（例如：开展并进行调查）

项目可由组织的内部和外部人员组成。可将带来所需的技能或观点的人员添加到项目团队中。如果你想获得更广泛的信息，可以举办焦点小组、进行调查或面试。

圣安娜联合学区前副主管大卫·哈格伦德说："在组织中传播管理21世纪工作流的信息是一种非常酷的方式，它重新设定了成年人的思维方式，使他们适应实施与基于项目的学习相关的教学转变。"（哈格伦德现在是普莱森联合学区的负责人。）哈格伦德列举了利用项目来执行战略和培养领导者的五个例子：

• **课程专家金·加西亚**负责发展高等教育学院的学术计划。她在创建学校方面得到了足够的自由和支持，自此成为学校的第一任校长。那所学校作为早期的大学项目在秋季扩展到高中，并且将与圣安娜学院共享空间。

• **项目专家韦斯·克里斯尔**负责为高中生开发新的混合课程。他招募了一个团队来处理这项工作，还参与了众包和其他创新策略来推动工作流程。他们使用博客和"实时"社区会议，就是为了让更广泛的利益相关者参与开发过程。

• **执行董事丹尼尔·艾伦**为了解决在年度经理研讨会上学生小组中发现的六个实践问题，负责协调地区管理团队中成员的工作。这些小组合作解决了成长型思维、个性化学习计划、使用技术支持个性化、扩展有意义的课外项目、批判性思维和恢复实践等相关的问题。

• **社区关系专家苏西·洛佩兹**负责重塑该地区的社区形象，努力扩大"讲述我们的故事"的宣传。她和一个教师团队以及管理人员通过帮助校长树立品牌，用对社区有意义的方式推广他们的学校，进而提升学校的选择权。2016年10月，学校选择大会（The School Choice Faire）吸引了数千名社区成员前去圣安娜市中心参加那里举行的节日活动。这个城市在这一天里封闭了三个社区，每个学校都在中心舞台上举办展位活动并展示学生表演。

● **食品服务主任马克·查维斯**在当地控制和问责计划（Local Control and Accountability Plan, LCAP）会议上听闻了学生对食品质量的不满，于是举办了一个食品品鉴活动。在此次活动上供应商们可以分享他们的菜谱，学生和家长可以投票决定在学校的午餐菜单上添加什么。

每个项目都在该地区的国家计划中得到确认，这些努力旨在推动管理者、员工、父母、学生和社区成员通过合作的方式来解决问题。将项目管理分配给崭露头角的领导者是分配领导力、应对变革和开发领导力的好方法。

在圣安娜，哈格伦德引领了两个转变：一是从最低技术向高访问学习环境的转变；二是从自上而下的管理指令区域系统到教师团队有能力和责任创建连贯个性化学习模型的组合方式的转变。哈格伦德支持在中心办公室附近的新办公场所开发一个新的实验学校作为附属的特许学校。这个项目式并以科学、技术、工程、数学（STEM）为重点的学校以能力为基础，将4～6年级的学生混合，并将继续添加4～12年级的学生。学校将扩展搬迁到新的位置，新的孵化场所也将继续覆盖其他学校。

引领深度学习：来自大卫·哈格伦德的小窍门

- **通过项目领先**：将领导力分配到组织中，使用项目应对变化、培养人才。
- **支持教师团队**：允许教师团队开发或选择教学模式，用投资、技术援助和帮助来支持他们的决定。
- **平衡**：平衡改进和创新的赋权议程。

在这个瞬息万变的世界，领导人应该拥有一套全新的了解现实状况、准确定位角色和责任的规则，因而来自这五位领导人的领导经验至关重要。下面是为教育领导者总结的8条启示：

世界瞬息万变。工作是动态的，通常是临时的（短期任务）或以项目为基础。人们在平台上生活、学习、工作、购物。自动化正在重塑就业格局。制造和利用智能机器会创造新的增值机会。教育需要在期望的产出、实践、结构和交流方面与时俱进。

终生学习对每个人来说至关重要。"学习型组织是一个人们不断探索如何创造现实、改变现实的地方。"新技术联盟的首席教育官吉姆·梅说道。

领导人应就世界的变化趋势以及如何着手应对这些变化进行社区交流。他们应与图书馆、大学和雇主建立伙伴关系，促进终身学习。

领导不再是一个头衔。领导力应分布在整个组织中，为所有利益相关者（学生、教师、家庭和学校的组织机构）创造最佳学习环境。领导者可以通过将变更管理作为一个项目系统来帮助搭建舞台，改进或转变他们的组织。深度学习需要以社区和工作为基础的社区伙伴。

领导推动集体行动。领袖们通过引领对话使人们对更美好的未来怀有共同的愿景。他们与所有社区成员共同努力实现共同的目标。那些在社区工作的建模人员也将建模社会互动所需的社会技能和情感技能。

领导者克服万难、创设可能。领导者通过建立社区进步协议来平衡改进和创新。它们将变更分解为由支持和资源支持的可执行的工作块。他们鼓励区域内外的网络参与。他们会在安全且狭小的地方进行无限的试想与测试。

多元化的工作经验是命脉所在。他们识别许多不同的领导角色，由此创建自己的道路。但是你不能完全依赖于正式的准备或组织提供的东西，一定要为自己的道路负责，扩大影响范围，体验并塑造属于自己的学习体验，同时也寻求连贯的领导准备。

项目是领导力和人才发展战略不可缺少的内容。领导者为自己和其他执行组织议程及培养人才的人员构建发展经验，并为他们提供实时学习资源。

安全高效的团队

项目团队的工作效率等同于他们的生产力。2012年，谷歌就为什么有些团队比其他团队工作得更好这个问题，启动了一个代号为"亚里士多德"（Aristotle）的项目。经过长达一年对上百个团队的观察，他们得出了意想不到的结果——团队规范。需要指出的是，有一个因素比其他因素更为突出，即：创造"心理安全的环境"。鼓励安全讨论并允许不同观点存在的团队更容易获得成功。在优秀的团队中，成员们的发言比例大致是相同的，研究人员称之为"对话交流的平等分配"。优秀的团队具有很强的社会敏感性，同时他们的团队成员能够根据他人的语调、表情和其他非语言暗示来感知他人的感受。谷歌的发现表明，学习项目管理很重要，学习如何组建团队和实践协作同样也是重中之重。

基于项目的发展。领导力准备与专业学习应与我们努力为学生创设的项目式学习环境和深度学习环境相一致。

校领导是主要说理人，他们负责解释区域网络的指示和提议，并尽可能长时间地为工作人员提供关于优先结果和可用支持的清晰信息。

网络领导者决定要在哪里坚持，要在哪里灵活，并往往关注精确和创新。他们还会进行工具投资，支持核心能力开发，并不断努力改善学校的价值定位。在动态网络中，教师们感到自己得到了支持和重视，观点也得到了倾听，那些想引领的人也有机会做出贡献。

拓展阅读 —————————————————————————

1. http://www.gettingsmart.com/publication/moving-pd-from-seat-time-to-demonstrated-competency-using-micro-credentials

2. http://www.gettingsmart.com/2016/11/give-teachers-experiences-want-students

3. https://www.amazon.com/College-Career-Ready-Helping-Students/dp/111815567X

4. http://www.gettingsmart.com/2016/01/personalizing-math-and-success-skills-in-brooklyn

5. https://www.usatoday.com/story/sponsor-story/xq/2017/03/20/one-brooklyn-school-wants-change-how-kids—-and-teachers—-taught/99403566

6. http://www.gettingsmart.com/2016/12/use-projects-manage-change-develop-leaders

第 10 章

影响力

选择正确的商业模式

将人们联结到一起的网络一直都很强大，既然网络将人们联结在一起，它的运作方式就更像是一个活的有机体，而不是一个等级森严的机构。这种新的生活方式为社会事业带来了巨大的机会，关于我们如何支持终身学习，并为青年和家庭提供支持。

《平台革命》（*Platform Revolution*）的作者认为，基于平台的组织比其他组织更胜一筹。平台组织消除了入门权限、通过共同创造释放出新的价值来源、使用数据创建社区反馈环并通过邀请用户加入组织来有效地扩大规模。随着每个新用户的加入，网络平台运作提升，进而表现出积极的网络效应。大型管理良好的平台社区通过促进信息、商品、服务和货币有价值的交换，为每个用户创造了巨大的价值。价值交换货币化的能力对于一个可扩展和可持续的平台而言至关重要。许多平台并不开发内容，而是依赖用户共建，并使用一种数字滤波器来按比例匹配内容和连接。正确地进行这些核心互动是扩大规模的关键（类似脸书和聚友网）。作为合作者，邀请用户参与平台运营。

什么是商业模式？

商业模式描述了一个组织如何创造和交付价值（例如，我们通过Y来服务X）。从商业角度来说，商业模式描述了销售给目标客户群的产品和服务。从社会领域来说，商业模式通常通过对慈善事业的支持来扩大规模、保持影响力。

社会领域是否存在商业模式创新？

致力于为未得到良好服务的大众提供服务，这产生了一系列利用新技术工具的创新型商业模式：

- **市场开发**：中间组织聚集需求（用于手工艺、农业、艾滋病药物），创造新的市场。

- **企业家支持**：项目培训、设立新的孵化场所、通过小额贷款支持创业公司。

- **成本突破**：低成本学校和服务进入新市场。

桑格特·常德瑞是《平台革命》的合著者，他在《平台宣言》中针对数字转换提供了16条原则。并非所有原则都适用于有影响力的组织，但这标志着一种实现规模效应和组织企业的新方式。

《平台宣言》: 数字转换的16条原则

1. **生态系统是新仓库**：规模是通过有效地组织生态系统和过程来实现价值创造的。

2. **生态系统也是新的供应链**：通过集权式平台的协调行动，整合生态系统资源和劳动力。

3. **网络效应是规模的新驱动力**：规模是通过利用生态系统中的交互作用来实现的。

4. **数据意味着更多的美钞**：获取更多的数据产生更多的盈利机会。

5. **社区管理是一种新型的人力资源管理**：像配置员工一样管理社区，使生产商得以学习和发展。

6. **流动性管理是一种新型的库存控制**：有效地匹配供求关系是平台将双方联系在一起的唯一方式。

7. **策展和信誉是新型的质量保证**：从质量控制等级到策展和信誉管理。

8. **用户体验是新的销售渠道**：数据平台统一了多个触点，从而在用户体验中起积极推动作用。

9. **分销是新的目的地**：通过在用户体验过程中分散服务、计划多点连接，满足客户消费者的需求。

10. **行为设计是一项新的忠诚度计划**：创造习惯，确保用户矢志不渝地坚守追随。网络效应也会产生共聚效应。

11. **数据科学是一种新的业务流程优化**：从可重复的内部流程转向可重复的生态系统交互。

12. **社会反馈是新的销售委员会**：设计社会反馈以鼓励平台上的生产者。

13. **算法是新的决策者**：算法利用员工和生态系统输入来执行入门权

限和资源分配的角色。

14. 实时定制是市场研究的新方向：生产商将最相关的内容提供给有意向的消费者，并平衡关联与机缘。

15. 即插即用是一种新型的业务开发：应用程序接口（AP）使应用程序之间的通信更为便利，该接口也是契约和集成接口。

16. 网络这只"无形之手"是新的铁腕：与层级控制不同，生产行为是通过可选的选项和渐进式的推动（通过数据、算法和APIs应用程序编程接口等"无形之手"）来推动的。

平台创造了这种新方式，这种方式考虑了规模，尤其是大规模的影响。尽管以下新的原理中有些似乎并不能应用到引领学校或影响组织上，但还是有必要考虑这些问题：

● 我们是否可以不只关注内部问题、告诉人们该做什么，而是更多地关注外部/外延互动（例如：家长参与、学生主观能动性，捐助者参与、合作伙伴关系的发展或基于社区的学习机会）？

● 我们如何收集更多、更好的关于我们的顾客、客户和/或学生互动的数据？

● 我们应该如何利用社区反馈，而不是将所有精力都集中在员工评估上？

● 我们应该如何鼓励共同创造？消费者（客户、教师、学习者）何时可以变成生产者？

• 我们如何才能提高创新、推动进步，而不将变化议程进行强行分级？

网络战略的7种商业模式

越来越多有影响力的组织采取网络战略，利用平台的力量，并结合支持规模和可持续性的业务模式。影响力组织有七种相关的商业模式：

1. 慈善型：由捐款资助的直接服务和宣传。例如：

（1）宣传：达到公司（Achieve）、卓越教育联盟（Alliance for Excellent Education）、全民皆能（50CAN）、教育乌托邦（Edutopia）。

（2）校园网：超级学校项目拨款（XQ）、教育联盟（Connect ED）、青年团（Youth Build）。

（3）内容：可汗学院（Khan Academy）、CK-12（一家非营利性组织，旨在降低课本的成本）、咕噜（Gooru，一个给学生和教师使用的免费教学资源导航平台）、环球会议（TED）。

2. 公共服务：为公共服务提供公共赔偿（如图10.1右所示）。

例：学区和特许经营组织。

3. 赞助：通过广告或赞助访问网络。例子：美国国家公共电台（NPR）、艾沃菲（EverFi）和教育潮（EdSurge）。

4. 订阅：用户支付年费成为会员或通过订阅访问网络。我们的目标是长期保留客户并维持源源不断的收入。例如：

（1）网络：大图景（Big Picture），国家学术基金会（NAF），计算机

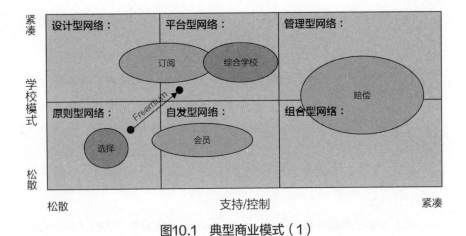

图10.1 典型商业模式（1）

辅助产品检索网（CAPS Network）、21世纪教育领袖（EdLeader21）。

（2）平台：自适应学习（i-Ready），开源在线学习管理系统（Canvas）。

（3）内容：教育周（Education Week），第三行星（Planet3），项目引领未来（PLTW），艾维德（AVID）。

5. 综合性学校：签署综合学校模式，包括品牌、平台、内容、设计服务和学习机会。例如：阿克顿学院（Acton Academy）、阿尔特学校（AltSchool）、思科网络学院（Cisco）和新技术联盟。

6. 以收费为基础：通过产品或服务的直接销售赚取收入。例如：

（1）测试：美国大学入学考试（American College Test），美国教育考试服务中心（Educational Testing Service, ETS），大学理事会（College Board），测量公司（Measurement Inc）。

（2）市场：优德米（Udemy，一家开放式在线教育网站），教案交易平台（Teachers Pay Teachers（K-12）），大礼帽（Top Hat，大学教科书）。

7. 免费增值： 用户获得的免费资源是有限的（可能由广告支持）并要为额外特性支付额外费用；适用于在线服务，收购成本低但终身价值高。例如：

（1）平台：埃默多（Edmodo）、课堂通（ClassDojo）、学校派（Schoology）、默多（Moodle）。

（2）内容：开拓资源（Open Up Resources），远征学习（EL Education，支持开放教育资源的专业学习服务）。

前四类可以使用平台，而后三类则利用了平台特性。尽管平台具有潜在的强大功能，但并非所有平台都能实现规模。一些非营利组织尝试过会员平台和免费增值策略，但没有成功。只有少数有影响力的组织可以实现巨大的平台网络的病毒式增长和网络效益，但是每个平台都可以从对平台的全面使用中获益，包括加强交互、共同创建和授权直接参与者。当需要动态的学习组织，并且有大量的工具和示例时，没有必要实行自上而下的层级制度。

选择合适的商业模式

大多数网络组织为非营利公司，依靠以收费为基础的收入进行运营支持，通过慈善机构获取研发经费。网络通过扩大规模、改进质量而增加价值。更大规模的网络创造更多的互动机会［例如，商会增加更多的商业成员，科瑟拉（Coursera）增加更多的大学合作伙伴］。更优质的网络每笔交易会创造更多的价值（例如开源在线学习管理系统增加了视频功能，而新技术联盟增加了初级课程）。任何网络成功的关键要素都是保持感知价值大于感知成本。

当获得赠款用于支持新学校和转型学校时，自愿型网络和管理型网络发展速度最快。尽管一些较早的自发型学校网络已经停滞不前，但那些采用平台、过渡到成员结构、培养动态边缘互动的学校却得到了蓬勃发展。

平台型网络通常像特许经营一样运作，它们在订阅协议中捆绑了学习模式、平台和一系列学习机会。就像软件即服务（SaaS）协议一样，捆绑服务通常通过不断更新的工具得以不断改进。

绿色学校：个案研究

如果你想建立一个环境友好型学校网，你可以创建绿色学校联盟（Green Schools Alliance），这是一个拥有近8000所学校的国际会员组织。注册即可加入。好消息是建立一个大网络既快捷又便宜；坏消息是对多数学校来说，仅仅通过签署承诺或加入某个联盟不会有太大改变。

詹妮弗·塞德尔有更大的野心。她想激励新一代学校使用低碳健康设施；她想获取学习经验，鼓励年轻一代了解、尊重和关心他们周围的世界。简而言之，她想改变学校的一切——这比签署承诺沉重得多。詹妮弗与志同道合的同事们开始举办年度会议。他们成立了绿色学校国家网络（The Green Schools National Network），确定和支持一批以绿色建筑和健康环境为特色的学校，提高人们的环境素养。

　　塞德尔与致力于试点、记录和分享最佳实践的十几所学校及六个地区发生了争执。这一更广泛的议程包括建筑、运营和教育。如果她能够筹集一些慈善资金来增加技术援助和实施工具，那么设计型网络将成为平台型网络（如图10.2所示）。

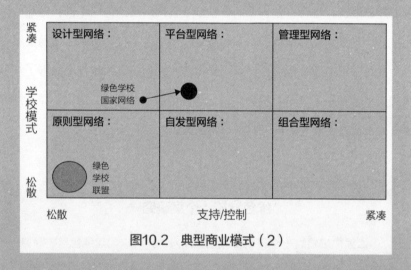

图10.2　典型商业模式（2）

　　为了取得更为强劲的发展并支持此议程，绿色学校国家网络可能需要采用会员模式（如果涉及技术平台的话，则采用订阅模式）。

　　这两种网络模式虽然主题相似，但是不同的目标却导致了不同的网络策略。学校购买会员资格以及基金会能不能提供赞助将会影响网络决策；公共政策、资金或需求也可能影响网络决策。由此可见，选择恰当的商业模式和网络策略取决于诸多背景因素。

正如第8章所讨论的，越来越多诸如项目引领未来（PLTW）的课程提供商，在学习模式、平台上共享的学习内容、专业学习和协作选择上以平台型网络的形式运作。

总部位于多伦多的大礼帽（Top Hat）提供了一个有吸引力的数字资源和创作工具市场，用来取代昂贵的高等教育教科书。教授们通过创建、借用或购买内容来组织在线课件，学生则要支付订阅费才能获得比传统教科书更便宜的课件。这种分布式的共同创作模式淘汰了中间商，允许内容创作者获得比传统教科书创作更大的收益，并为学生提供互动的、一致的、负担得起的教学材料。

虽然有些网络听起来像搞推销，但是我们要牢记网络需要什么：

- **加盟**：会员或订阅用户作出肯定的联合决策。

- **访问**：会员或订阅用户获取网络资源（品牌、服务、信息源、优质内容）。

- **相互依存**：会员之间的共同创造、交际和资金流动创造了彼此的价值。

许多有影响的组织使用混合的商业模式，包括获得慈善赞助来启动和设计新的项目，通过获得的收入或用户订阅以建立一个具有可持续影响力的组织。

谨记：服务是关键

对于考虑平台式服务的学校来说（无论是整个学校模式还是课程项目），服务是关键。供应商提供的服务会创造或中断教师的体验和学生的学习成果。服务从销售过程开始，通过实施、持续性支持和服务伙伴而延续下去。学校和学区领导应在销售过程中详细讨论需提供的服务，包括账户管理、服务水平、数据迁移、分类、产品路线图以及未来改进计划。

主动服务和被动服务一样重要。例如，如果有一个新的地区方案，一个优秀的客户经理会先跟那个地区取得联系，然后作为合作伙伴确定产品如何成为解决方案的一部分。供应商应该"关注"他们的客户，如果程序中增添了新的元素，他们应该知道如何应用，对每个客户来说意味着什么。一个优秀的服务提供商也会监控这个地区的数据，以便在数据中寻找"故事"，这些故事可能有利于深入了解学校或学区学生的表现。

反应式服务是关于速度、精度和个性的服务模式。一个地区是否可以在下堂课开始前轻松地打电话给他们的客户经理，问他们一个简短的问题，或者客户需要在线提交机票，或者向不熟悉他们特殊情况的人提交机票，并为自动回复等待72小时。服务关系应像提供给学生的学习一样个性化。一个强有力的伙伴关系是关键，地区和供应商之间的沟通将使优质的服务更优。培养持续的人际关系至关重要。今天购买的一项服务，不管它有多好，很快就会因为不断变化的课程要求和技术进步而过时。重要的是，要像关注当前的状态一样，尽可能多地关注与您一路并肩前行的人，并关注他们的适应能力。

　　有些组织从一种商业模式做起，证明其假设的核心生存能力，继而为了扩大规模而转型为另一种商业模式（比如，阿尔特学校的网络类型起初是基于教学的管理型网络，后又转型成为特许经营网络）。

　　平台驱动的网络有潜力为更好的教学条件、更好的学习机会、更好的工具和更好的支持创建动态引擎，所有这些都由更精简、更智能的组织推动。

第 11 章

管理
利用网络提高质量

目前，美国大约有1.35万个学区，有超过4700万名学生。1/10的学生集中在十几个大型学区。排名前100的学区至少有4万名学生。这些大的学区面临着来自特许学校、私立学校和家庭学校的日趋激烈的竞争，这些学校目前为大约1000万名学生提供服务。

新一代学习将混合式、个性化和基于能力的学习与复杂的设计和平台工具融合在一起。在这些新的学习模式下，学生每天至少花一部分时间在自己的学习过程中，参与量身定制的体验。因此，若没有这些公共平台，构建和运行这些环境会变得更为复杂。

作为全学区技术部署的替代方案，这些网络是各学校或支线模式采用的学习模式、平台和专业学习的组合。例如，得克萨斯州埃尔帕索的8所初高中是新技术联盟的一部分。

结合当地、州和联邦资金，学区在每名学生身上平均花费1.1万美元，最低的为犹他州和爱达荷州的6600美元、最高的为纽约州的2万美元以上。作为征税实体，学区也可筹借基本建设费，并通过征收地方房产税偿还。

学区运作模式

学区一般有三种运作模式：企业模式、共同决策模式和投资组合模式。运作模式与学校规模基本一致。1.2万个小型学区中的大部分采用企业模式，大多数中型学区采用共享模式的某些版本，而大多数大型学区采用投资组合模式。

企业模式：这种模式借用了商业术语，意味着共同的目标、过程和工具。采用企业模式的学区（如管理型学校网络）共享目标和学习模式（课程、评估和教学实践），一致的学校模式（结构、日程安排和人员配置），信息系统、学习平台和访问设备以及专业学习机会。

企业学习模式明确了学生应知道什么、能够做什么以及他们如何学习和展示学习。一致性和效率是企业学习模式的主要优势。在管理指令系统中，这会让人感到高度的指令化，伴以一致的指导和基准评估。单一的方法可能不适合所有的学习者，系统可能缺乏灵活性和创新性。

一些诸如摩尔斯维尔多级校区的企业学习模式学区分配领导权，让教师在组织内部有发言权，并在组织外部分享成功。在动态企业系统中，变化是自上而下、自下而上、由内而外和由外而内的。

共同决策：大多数学区采取中间立场，由中央办公室做出部分决策，学校做出另一部分决策，而有些决策则是通过协商达成。如下例：

在很多地区，政策制定是临时的、以关系为基础的，或没有备案（也就是说，学校从未清楚列出类似图表陈列的相关信息），这引发了抱怨、角色缺失与目标的不明确。

地区规定的内容	共同 / 协商决定	学校规定的方式
• 标准和毕业要求	• 核心课程	• 教学策略
• 开办和关闭学校	• 评估	• 课程选修
• 问责/干预	• 学生进步	• 课程补充材料
• 日程安排&交通设施	• 专业发展	• 学校氛围
• 设施管理	• 学习平台	• 课外活动
• 雇佣协议	• 接入设备	• 学生支持策略

大中型学区的学校有几种业绩类别。为了使监督和服务合理化，他们经常设立业绩类别，并提供分层支持。

好学校可以退出服务，而陷入困境的学校则获得更多的直接支持（像史蒂文·阿达莫夫斯基领导下的辛辛那提学区和托马斯·佩赞领导下的波士顿学区早期都采用了这种分层支持模式）。在执行良好的分层支持系统中，学校业绩决定了它与学区的关系及发展潜力，因为其赢得的自主权会为家庭增添独特的教育选择机会。

如同在休斯敦，这种分层支持系统可能会被主题学校和磁石学校（magnet schools）加强，以拓宽学生和家庭的选择，但这也会引发人们对那些接受特殊待遇的学校的不满。

在多数情况下，具有分层支持系统的共享决策模式构建和操作起来很复杂，变革期间尤为如此。

学校组合：一个拥有多家学校的城市（借用金融术语）是一个学校组合——无论是适应型还是对抗型。大多数大型的学区是组合学区，但是他们在接受或抵抗特许学校的程度上有所不同。

一个城市的学校组合包括专门学校和历史悠久的街区学校。唐·夏尔威教授认为，专门学校和网络是很重要的，因为这比拆除和重建现有的学校更容易。这也改变了原来的规则，重新定义了超越当前状态的可能性，从而让令人发指的行为成为公平的游戏。

一个更像授权机构而非运营商的区域正在使用组合策略，在这里，多数预算和运营决策是通过学校或网络层面做出的。公共教育改造中心的罗宾·雷克说："学校组合策略试图运用最好的创意来创造学校层面、家长选择、社区参与以及政府监督层面的自主权，最终目的是为每个学生提供高质量的公共教育。"

唐·夏尔威谈地区宪章关系

在夏尔威教授担任圣卡洛斯学区联合负责人的第五个月里，他利用新的特许学校法开办了一所实验学校。夏尔威教授指出，每个大公司都有一个研发部门，但是学区通常没有一个创新的部门。国家开办的第二所特许学校为该地区提供了一个"将来可以完成使命"的机会，并尝试了多年龄段分组、新的人员配备策略以及技术支持。

1988年，美国加州修改了特许学校法，允许一个委员会管理一个多校区网络。夏尔威和奈飞公司的首席执行官里德·哈斯廷斯合作创办了立志公立学校（Aspire Public Schools），这个学校是最早的旨在扩大规模的特许经营组织之一。如今，立志公立学校是美国规模最大、最成功的学校网络之一，为美国加州和田纳西州的40所中小学1.6万名主要来自低收入家庭的学生提供服务。

夏尔威教授认为，专门学校和网络也很重要，因为这比拆除和重建现有的学校更为容易。这也改变了原来的规则——你创造了似乎令人无法容忍的东西，但却成为"介于现存的和真的令人无法容忍的事物之间的东西，并成为新的公平游戏规则"。

夏尔威教授退休后，以立志学校首席执行官的身份加入了比尔及梅琳达·盖茨基金会，成为学区特许合作的大使。他发起了紧凑城市协议（Compact Cities Initiative），这是一个由22个社区组成的网络，学区和平共处，共同解决包括培养青年、超龄和学分不足的学生、未婚父母和需求特殊的学习者这些问题。

引人注目的合作关系包括：大都市休斯敦的斯普林分支独立学区（Spring Branch ISD）与力量计划（KIPP）及青年企业家协会（YES）进行合作以更好地为非洲裔美国青年提供服务。哈特福德公立学校（Hartford Public Schools）在领导力准备方面与"成绩第一"（Achievement First）合作。丹佛条约注重老师之间的合作。

独特的因素推动了这些合作关系的进一步发展。这些因素或是危机、或是机遇，但是深思熟虑的领导一直在发挥作用，市长们可以起到催化作用。已故的汤姆·梅尼诺对波士顿的持续发展起到了至关重要的作用，而迈克尔·汉考克则推动了丹佛的合作。

学校网络的未来是什么样的呢？夏尔威对授权区域和地区创新学校网感到兴奋。他指出，田纳西州孟菲斯市的谢尔比县艾尊（iZone）是劳伦斯公立学校（Lawrence Public Schools）转型的多重运营商，而马萨诸塞州的灯塔学校则是创新学校网络。

校园合作组合策略

丹佛公立学校的组合策略使学区创新和特许学校在涉及培育、经费、招生、交通和问责方面处于公平的竞争环境。在加利福尼亚州的圣安娜和佐治亚州的富尔顿县，教师团队有能力和责任创建支持其教学计划的一致的个性化学习模式和设施。

由教育城市（Education Cities）的36个非营利区域成员倡导的组合策略，利用学校网络和多家运营商的能力，为家庭创造各种选择。在有协作的地方，可以使用通用注册、训练、资金和设施计划。组合经理可以主动为服务不到位的区域和团体寻求选择。

学区可以从特许经营组织中学到什么？

来自特许学校成长基金会（Charter School Growth Fund）的亚历克斯·埃尔南德斯说，学区可以从杰出的特许学校网络中吸取三条经验：

1. 定义什么是卓越：对高效学习体验的共同愿景，并建立一个从招聘到培训、辅导和课程开发的完全服务于这一愿景的组织。

2. 各学区应进行必要的投资，使整个系统的学校能在选定的地区成为世界一流的学校。有时这意味着在内部建立新的基础设施，但对大多数学区来说，这意味着使用由其他高性能的学校系统或支持组织建立的基础设施。当中心团队提供学校认为有用的培训和资源时，这个过程效果最佳。反过来，课堂教育者根据哪些资源对孩子们有用，为其他同行改进这些资源。

3. 大型学区可以将重点从运营学校转向授权高质量的学校网络。在某种程度上，学区规模可能会变得很大，以至于让成年人就改进课堂的具体愿景达成一致几乎是不可能的。地区可以授权学校网络围绕卓越的愿景结盟，并为它们提供资源，以建造它们所需的基础设施，进而使学校变得优秀。

如果学区既担当经营者又是授权人，那么其组合可能会让中层管理者感到困惑。正如一位区域创新官员所言，部门主管"不充当服务提供者，而是继续努力发挥他们的职位权威。"

丹佛公立学校为来自地区和特许学校的教师团队提供孵化基地——幻象之城（Imaginarium）。丹佛等地区试图孵化新的学习模式，扩大成功的特许经营和创新网络规模，但它们发现慈善需求是有挑战性的。

对于父母来说，生活在像纽约市一样拥有数百种选择的城市可能会让他们不知所措。选择越多，家长、学生信息和招生系统就越重要。

学区领导人应该清楚且明确地表达他们的策略。每个学校的领导都应该清楚自己学校的组织理念，不管这个理念在学区或网络中是独特的还是大众化的。他们应该清楚事情应该如何运作以及由谁来做决定，这样才能明确教师角色和目标。

几乎每个大城市都有一系列教育选择组合。随着竞争的加剧，许多大城市的学区并不承认与竞争对手的合作少很多。然而，随着教育选择、技术和"随时随地"的学习逐渐成为必然，利用学校网络（学区内外）的合作组合策略是唯一明智的选择。

拓展阅读

1. http://www.governing.com/topics/education/gov-education-funding-states.html
2. http://www.gettingsmart.com/2017/03/getting-smart-podcast-denver-public-school-system-exemplifies-a-healthy-educational-ecosystem

第 12 章

大规模高效学习
激励与协调

"我们相信，在个性化学习领域的投资和推动会带来教育领域更大的突破。"

——新利润合伙人特雷弗·布朗

有经验的教师知道，教学需要在最值得花费时间和精力的事情上做出艰难的选择，这一点在项目式学习中尤为明显。在项目式学习中，我们需要时间来探索驱动性的问题。这些问题不仅反映了一种优先意识，还反映了一种教育理论。让学生接触到有组织的成人可以理解的大纲，并不能神奇地将这些知识存入学生的大脑，以备将来使用。覆盖模型的失败表明我们更应注重一系列的优先成果。这种深度与广度的问题不需要逐级加以讨论，但这是网络的好处之一，在网络中，细致和共享的讨论产生了一系列优先成果。

新技术联盟的教师专注于五个优先成果区：知识与见解、书面沟通、口头交流、协作和主观能动性。他们共享评估学生学习作品的一系列准则。这些准则为每个技能维度做了详细的解释。例如：主观能动性包括"通过努力和实践实现成长"和"寻求挑战"。协作包括诸如"团队和领导角色"的次级技能。这些准则是与斯坦福大学评估、学习和公平中心等团体合作创建的，代表学者取得成功所需的关键技能。

网络对受教育的意义、学习内容、如何学习以及哪种形式的展示受到重视具有共同的理念。在考虑筹建新学校时，这些关于筹备的意义以及年轻人如何得以更好发展的决定会凸显出来。

学习创新

2010年，风险投资开始融入教育中，许多创业公司遵循社交媒体准则——提供免费产品，迭代以促进产品被人们大范围使用，并最终试图通过网络效应赚钱。虽然作为一种商业模式这个西海岸准则并未大获全胜，但是确实为教师、学生以及发现和部署免费开放资源的父母创建了一条通往课堂的新捷径。大量的新型工具掀起了一股混合学习的浪潮，有些学习模式极具创新也带来了很多困惑。

教育技术初创企业的投资商和技术人才都聚集在湾区、纽约和芝加哥的周围。然而，哪里有远见的领袖，哪里就会兴起学习创新的热潮（例如，摩尔斯维尔、北卡罗来纳州、哥伦布、密西西比和阿拉斯加的查格克）。

在没有创业背景的情况下，升级创新是有难度的。

参观卓越学校

新建立的专门学校不仅给人们提供了高质量选择，还激励着其他人去探索未知的可能，参观新的（和转型的）学校可能是职业发展的最佳形式。

塞思·安德烈创立了"民主预备学校"（Democracy Prep），这是一个由纽约、新泽西、哥伦比亚特区和巴吞鲁日的17所高绩效学校组成的网络联盟，为5000多名公民学者提供教育。

在反思其领导力准备时，塞思发现他花费6万美元学费获取的哈佛大学学位是最不值钱的投资。"无论从哪个层面来看这种投资都是一种失败。"安德烈说。大学学到的都是哲理和理论，对于创办卓越的学校没有任何具体指导。更为实用的是他的"创建卓越学校"（Building Excellent Schools）团队。"经验是最重要的。"安德烈说。他参观了30所不同的学校，包括力量项目（KIPP）、北极星（North Star）和弗雷德里克·道格拉斯学院（Frederick Douglas Academy），以了解什么是"优秀"。

同样，南加利福尼亚州创新型39号设计（Design 39）校长约瑟夫·埃尔佩尔丁也认为，最有价值的领导力准备体验是他与其他两位行政人员进行的为期约30次的学校参观，目前他从参观圣迭戈高科技区企业中深受启发。

尤因·马里恩·考夫曼基金会（Ewing Marion Kauffman Foundation）

负责教育的副总裁亚伦诺斯表示："国家利益集团想看看堪萨斯城大家合作努力的成果……在过去的18个月里，来自社会各阶层的300多人到各个城市重点参观了高绩效的公立学校。"考夫曼基金会资助的"堪萨斯城好学校项目"（KC Great Schools）带领来自不同领域和地区的教师、特许管理人员、商业与公民领袖参观了8个城市的卓越创新型学校。这些参观的目的是创造一种可能意识，并激励堪萨斯城的领导人在新学校开发和转型方面进行合作。

这种慈善策略，既明智又果敢。与直接提供资金相比，这肯定会让少数人受益。考夫曼基金会正在推动全市范围的学习与合作，这一策略可能会带来丰厚的回报，但结果难以预测。

马特·博塔索访问励志型学校

马特·博塔索的旅程始于学校参观，在这个过程中他开始想象什么是可能的。在参观了位于印第安纳州北部的罗彻斯特高中后，马特并未被学校的电脑所吸引，而是被这个引人入胜的项目式学习所打动。他看到学生们以他从未目睹的方式全身心投入到学习中。在加入新科技联盟的其他印第安纳州的学校里，他又一次目睹了学生们学习的主动和投入，相信这种学习方式值得一试。

俄勒冈-戴维斯学校采纳新技术模式并在9年级和10年级加以实施之后，整个学校发生的变化令人振奋，他也开始了解项目式学习所带来的真正潜力。"文化变了，工作变了，我们也变了。"马特说。

在爱达荷州完成本科学业后，马特欣然接受了在爱达荷瀑布市开办一所新科技学校的机会。马特说，"新技术联盟模式的亮点之一在于它允许人们在模式内部进行创新。"罗盘学院（Compass Academy）的运作方式类似于软件开发公司，不断迭代设计，以提高学生的学习进度。学校蕴含着一种变革的文化，员工们也尊重转型。

创新型代理组织：为教育提供合适的解决方案

老式学校不易改变，新式学校发展的不迅速。新的学习模式很有发展前景，但却增加了教学的难度指数。什么会转变这个行业？

学校担负着重要的使命——提供灵感、设计、培育、资助和快速反馈这一系列服务。《智能城市》（Smart Cities）一书经研究得出了一个重要结论：创新代理组织对下一代的大规模学习起至关重要的作用。这些新兴媒介组织正在创建有效的生态系统。而正是在这些机构里，创新才成为可能，得到更好的支持，并获得扩大规模的机会。

像新技术联盟和其他地方创新代理机构的校园网可以扮演前四个角色，而后六个角色则创设了一个健康的区域生态系统。除了开办个人教育创业和创新社区外，这些促进因素作为额外的收益，是让不同的利益相关者参与进来并启动本地驱动解决方案的核心。

这些创新代理机构旨在加快创新步伐，打破教育领域的壁垒。这将为实施新的教育解决方案提供更好的沟通和标准化操作程序，有助于在整个社区中分享创意和拓展人才，并通过催化因素使其适应当地环境。

代理组织将利用当地知识、信任和社区建设，在每个市场中进行外观、维护和规模上的创新。这些相同的要素对于建立强大的根基并将早期采纳者联系起来发挥至关重要的作用。除此之外，一个构建创新能力的活跃社区将使越来越多的教育工作者、家长和社区加入到早期采用者的行列中，并成为潜在的创新者。

10项代理功能

设计： 支持开发学习模型和学校模型［汉兰达学院（Highlander Institute）、智能化（Getting Smart）、超越极限（Transcend）］

技术支持： 选择学习平台，开发与学习模型一致的技术堆，扩展宽带接入并构建支持模型

专业发展： 教师需要与设计和技术相关的学习机会［巴克研究院（Buck Institute）、布鲁姆国际教育培训（Bloomboard）、爱迪威特（Edivate）］

人才开发： 招聘人才并通过领导培养卓越人才是提高的关键［为美国而教（Teach for America，TFA）、新教师项目（The New Teacher Project，TNTP）、教育先锋（Education Pioneers）、一流教育家（Leading Educators）］

资助款： 对新学习模式的地方性支持和指导［下一代学习挑战地区基金（NGLC地区基金）、硅学校（Silicon Schools）、新学校飞跃（NewSchools Catapult）以及XQ超级学校］

孵化培育：初创企业的资本、空间、技术援助和组织发展［4.0学校、学习创举（Learn Launch，美国东部波士顿地区知名的教育孵化器）、想象基础教育（Imagine K12，全球首家教育科技孵化器）］

催化功效：进入当地并得到当地信任的组织，作为召集人和合作纽带将当地与全国连接起来［利恩实验室（The Lean Lab）、汉兰达学院（Highlander Institute）］

港口功能：生态系统的协调、倡导和召集［教育城市（Education Cities）］

种子资金：对教育技术初创企业［瑞驰投资（Reach Capital）、卡普尔投资（Kapor Capital）］和成长型企业风险基金［再思考教育（Rethink Education），猫头鹰风险投资基金公司（Owl Ventures）、瑞驰投资（Reach Capital）、卡普尔投资（Kapor Capital）、硅谷传奇创业孵化器（GSVlabs）、学习投资（Learn Capital）］的早期支持

反馈：进入学校进行短期实验和试点［飞跃创新（LEAP Innovations）、数字化前景（Digital Promise）］

全国范围内，越来越多的创新者将当地有益的生态系统和国家网络联系在一起：

• 共同努力（Strive Together）正在利用集体影响战略，召集30多个城市的地方利益相关者，从而实现一致更优的教育愿景。

• 数字化前景（Digital Promise）最初得到美国教育部的支持，其创办了教育创新集群（Education Innovation Clusters），这是一个由24个城市

群组成的松散网络，旨在推动学习创新。

• 莫扎拉蜂巢（Mozilla Hive）正围绕网络素养推动本地学习网和社区的发展（例如：纽约的蜂巢学习网络为初高中生提供了一系列有趣的学习经验）。

• 乡村资本（Village Capital）发起了一个项目，使生态系统的领导人能够创造更好的资源进而支持企业家。

• LRNG是一个全国性的非营利组织，为年轻人提供校外工作和学习机会。

学校和企业家之间的激励、孵化和协调，将最终拓宽创新学习环境的可及性，增加对投资和新工具的总体需求，推动即将到来的学习革命。

拓展阅读

http://www.gettingsmart.com/2017/01/podcast-special-ed-teacher-to-white-house-tech-advisor

第 13 章

倡导

构建更美好的未来

倡导的目的是改变人们的想法。倡导力求形成影响政治、社会和经济体制的决策。倡导组织对于什么有效以及为何有效有自己的见解。倡导组织为多数人构建了更加美好的未来。

游说对于当权者来说是最直接的倡导形式。如果对金钱或语言没有具体要求，也可称游说为"教育"，但游说仍然是努力改变人们意念的方式。提出改革的理由需要令人叹服的愿景，这也有助于追踪记录成功。另外，游说总是需要有人持续倡导，不断给人们描绘一个未来的美好愿景。

有三种具体的倡导形式可以达到规模效应。一是为项目共同出资。基金会可以以其提供资金为条件游说联邦政府支持新的项目。这些联合出资的项目可以带来巨大的回报。1998年，莫特基金会（Mott Foundation）与美国教育部签署速立了公私合作伙伴关系，支持美国的21世纪社区学习中心项目（21st Century Community Learning Center Program）。作为"不让一个孩子掉队"法案（No Child Left Behind,NCLB）的一部分，这种合作关系使该项目资金从4000万美元增加到10亿美元。

二是公私合营。国家投资可以实现早期创新的规模化。受凯萨基金会（Kaiser Foundation）投资的启发，俄克拉荷马州开发了一个通用学前教育项目（尽管用于基础教育的资金少得可怜）。得州高中项目（现在称为"得州教育"）是该州和两个国家基金会之间的合作项目，产生了130多所高质量的科学、技术、工程与数学教育（STEM）及早期的大学预备高中。国家和私人联合赞助的罗德岛计算机科学（CS4RI）旨在于2017年12月前在所有公立学校普及计算机科学的教学。在俄亥俄州马里恩启动的"机器人培训项目"（RAMTEC，即通过机器人技术和先进的制造技术促进企业和工业的创造和发展）因俄亥俄直A基金（Straight A Fund）的资助，已扩展到23个区域。

三是由"卓越学校合伙人"（Great Schools Partnership）首创的，这是一种以提高熟练度（或能力）为基础的三角学习方法。"卓越学校合伙人"着手建立了新英格兰中学联盟（New England Secondary School Consortium），并与6个以能力为毕业基础的新英格兰立法机构合作，在此过程中获得了70个以能力为基础获取文凭的公立和私立教育机构的支持。通过与所有利益相关方同时合作，"卓越学校合伙人"移除了常用的借口（例如，大学不接受、州不允许）。

政策创新者联合扩大影响力

"教育领域的政策创新者"（也被称为"派网络"，PIE Network）于2006年启动，该组织将来自12个州的15个倡导组织的领导人联系起来。自此，"派网络"已经发展了80多个组织，推动了35个州府、华盛顿特区以及20个国家合作组织的教育改革。

执行主任苏珊娜·塔奇尼·库巴赫是"派网络"的联络人。"派网络"主要由优先考虑政策变化的基金会提供支持。"我们是完美主义者。当'每个学生成功法'（ESSA）等新的举措中断时，他们知道'派网络'建立起来的通讯模式将发挥至关重要的作用。"库巴赫说，"同样重要的是，那些投资者由此也有了真知灼见。"

库巴赫发现，真正的网络是由不同于等级组织的激励所驱动的。等级制度可能会阻碍推动创新的信息流，而派网络平行的协作结构意味着思想和见解在各个方向快速扩散，并在传播过程中不断改进，库巴赫说。

关键区别在于为什么网络在集结行动中如此重要。"事实是，在网络中，无人可以掌控他人的行动。"库巴赫指出，"我的团队不直接凌驾于任何网络成员之上，但我们召开工作会议，收集资源，传播真知灼见。这往往会引发持续的集体行动。"

库巴赫强调了第2章提出的观点。"网络最强大的黏合剂是信任：信任是靠日复一日的积累而获得的，我们永远不能自以为是。"信任还需要不间断地证明参与和回报的价值。

更为微妙的是怎么把工作做好并进行广泛推广。公民参与是倡导，社会服务是倡导，积极的公民身份也是倡导；一所打破壁垒、扩大公平的学校也是倡导者——这些都是倡导的形式。公共产品和社区联系是学校倡导的重要形式。

早期倡导的重点通常是"什么"和"为什么"（例如，所有学生都应该为大学和职业做好准备），之后通过多数人支持转移到"为什么"和"如何"上（例如，课程计划、指导策略）。

加入网络也是一种倡导。网络形成了社区——大家共同致力于学习和提高。当实践社团为数百所条件不一的学校创造有利的工作条件并改善人们的生活质量时，就不仅仅是倡导了——这会引发一场活动。

好创意如何传播

社会部门如何发生转变的理论涉及了转变的需求、创新的属性、转变的复杂性及影响人们的方式。

对创新的需求。包括人们如何探索继而渴望得到产品或使用产品，人们如何定义交流和决策的角色，尤其是创新领先者中的角色。传统的分布曲线表明，创新从创新者推广到早期使用者，从少数人到后期的多数人，直至最后推广到那些极为落后者群体中。这个过程应该是一个从认识、说服、决策、执行到确认的过程。

传播如同真空中掺入了气体或一时兴起的文化狂潮，但并不能很好地解释教育创新是如何产生的。埃弗雷特·罗杰斯于1962年提出的传统曲线更适合于采用新产品或新实践的个体参与者。个体教师通常有采纳新实践和免费产品的自主权。但是教育受大环境很多因素的影响，这些因素使真正的进步变得更加缓慢、更具偶然性。尽管健全的生态系统为创新创造了有利条件，但促进实践社区之间达成协议的学校和体系领导者仍在创新过程中发挥举足轻重的作用。只要有领导，创新就能蓬勃发展。如果没有，创新就会受到压制。

促进创新的属性。影响创新采用的主要因素有7个：

• **相对优越性**：某项创新优于其所取代的创意、项目或产品的程度。

• **兼容性**：某项创新与现有价值观、以往经验、预期采用者需求的共存程度。

• **复杂性**：某项创新理解和/或应用的难度。

• **可试验性**：某项创新在有限基础上可被试验的程度。

• **可观察性**：某项创新能为他人看见的程度。

• **可适应性**：某项创新可用于特定环境的程度。

• **可扩展性**：平衡易拓展要素和要求基础设施（例如，人力资源、金融、技术、管理）的要素。

个性化学习，尤其是旨在提高深度学习能力的个性化学习，具有更多优势，与此同时也具有较高复杂性，较低的可试验性、可适应性和可扩展性的特点。另外，考虑到其衡量更广目标能力（例如，心态、创造力和合作）的局限性，个性化学习限制了可观察性。

个性化学习平台的逐步强大将使学校更易支持复杂的学习程序，例如，由纽约非营利组织创新教育（Innovate EDU）研发并在布鲁克林实验室试行的科特思（Cortex），是一个可扩展型平台，用来支持各种类型的个性化学习模式。

变革管理。创新扩散随体制复杂性和企业在管理采纳过程中能力的变化而变化。罗杰斯表示，复杂、模糊、大众不熟悉的创新扩散速度较慢。不幸的是，个性化学习具有此特征。尽管个性化学习模式复杂、令人困惑，但已发展成美国教育界的主导模式。人们对该学习模式兴趣浓厚，但因其处于发展初期导致实施不力。

学区和网络可将转型过程分解为一系列项目，并将它们分配给组织中那些能从挑战任务中受益的有抱负的领导者，从而提高变革管理能力。加利福尼亚州普莱森顿学区的负责人大卫·哈格隆德说："这是一个在组织中传播21世纪工作流程管理的超酷方式，通过重置成年人的思维使其与基于项目的学习实现的教学转变相一致。"

行为矫正。需要改变行为的创新比强化现有行为的创新具有更大的提升力。1962年提出的罗杰斯模型最适用于消费者采纳新产品（不仅仅是停止行为）。罗杰斯（近期有其他人）提出，行为随信息、动机和条件的变化而变化。

公共卫生研究表明，创新扩散相应变化取决于创新的本质与复杂性、成本和激励机制、传播渠道及社会背景。跟健康一样，青少年的发展也受到包括同伴、家庭、学校和社区在内的复杂因素影响。

新的成果框架，如来自下一代学习挑战（NGLC）的"我走我的路"

（My Ways），描述了对公民和职业成功起至关重要作用的知识、技能和性情。"我走我的路"着重强调自我引导、社会技能以及积极的心态，并强调要善于观察周边事物，认真走好每一步。但相对来说，只有一小部分人获得了提高这些基本技能的经验。有了这些专门技能，我们可以创建优质学校以提高下一代的学习成绩。然而，对于就如何转型面临困境的学校，我们却知之甚少。与公共地区合作的新技术联盟等组织正在帮助应对学校转型的挑战。

如何在教育中进行创新扩散

- **团队创新：** 实践与产品（尤其免费的时候）迅速传播给个体教师，但社区的高质量学习机会需要学校团队和体系采用共同的共享实践和工具。追求时尚容易；真正的创新需要敢于对抗艰难险阻的领袖。

- **曲折前行：** 在这一阶段，创新实践和工具（如个性化学习）的开发是复杂的，因此进步是起伏曲折的，依赖于领导者和特定的社会环境，并非为平滑的扩散曲线。

- **为什么要进行创新？** 明确的期望结果，实现这些结果的具体历程以及就反馈/评估达成的一致意见会提高创新被采纳的速度。

- **更好的工具：** 简化设计并采用新学习模式的平台将加快创新被采用的速度。

- **网络的价值：** 志同道合的学校共享创新包（明确的成果、工具和专业学习），这可能不会加快创新被采纳的速度，但会提高忠实度。网络可以放大你的呼声，提升你的工作优势。

学校负责人充当倡导者

许多学校负责人开始将自己视为所在地区的主要倡导者与利益相关者，一起提出改变学校内部和外部的议程。一些竞选活动是需要微妙支持的正式选举（法律禁止）；另一些则是地区引领的活动，旨在获得教师或合作伙伴支持。教育领袖构建和使用政治资本来支持他们所倡导的工作事宜。

温顿森林城市学区位于辛辛那提以北几英里处，这所学校为3800多名学生提供多元化服务。在学校中，14%的学生是说26种不同语言的英语学习者，85%以上的人是少数族裔，74%的学生有资格享受免费或优惠价格的午餐。在俄亥俄直A基金赠款的支持下，温顿森林学校开始在整个地区实施新技术模式，2018—2019学年，所有学校从学前至12年级都使用了基于项目的新技术联盟（简称NTN）模式。

"在结合新技术联盟对基于项目的学习进行综合评估后，将这种体验分享给所有学生是一个理所当然的过程。教育工作者面临着一项艰巨的任务，即努力引领改革，同时与学生共同促进公平。这正是新科技联盟要为我们的学生做的。"负责人安东尼·史密斯说，"我们拥有绝佳的机会，教我们的学生如何在超越国家标准的同时成为问题解决者。我们的教育体系有助于培养全面发展的学习者，为此我们感到振奋不已。"

退休的跨郡学区（第5章已着重讲述）负责人卡罗琳·威尔逊认识到，农村学生需要获得与城市青年等同的职业教育机会。在新技术联盟的支持下，她的团队创建了一门大学和职业课程、虚拟实习以及进入大学前后的咨询支持。

在得克萨斯州的埃尔帕索，负责人胡安·卡布雷拉将一个一味片面关注考试的地区，转变为旨在提升毕业生资历、倡导积极学习的地区。卡布雷拉与新技术联盟建立了伙伴关系，以增强团队能力并为其创造新机会（在第6章中探讨过）。

在科罗拉多州的丹佛，校长汤姆·鲍斯伯格引领了一个新的毕业生格局发展计划，以帮助所有学生取得高水平成功（在第11章中讨论过）。网络是丹佛计划的重要组成部分，无论是创新型网络还是特许型网络。丹佛的所有学校都在一个公平的竞争领域中运作，拥有类似的招生、监管和资助体系。

以上四位校负责人都是儿童权益的有力倡导者。他们支持并利用学校网络以提升学校教育质量，为家庭提供更多的教育选择。

网络倡导者

校园网的领导们为他们的学生、学校和方法倡导，这些方法通常包括限制必需性的测试和扩大影响机会。

限制测试：学校网络通常共享精心设计的评估系统，并构建了组合多个形成性评估，以预测学习、做出判断和指导系统改进的工具。这些网络知晓每位学生每天在每门课程上的表现。他们不需要在春季学期拿出一周时间测试学生掌握了什么、能达到什么层次。多数学校网络乐意展示其评估系统的功效，他们跟纽约绩效标准协会一样，感激州测试体系出台的豁免政策。

加权出资：获得与挑战程度相当的公共资金是成功为具有挑战性的人群提供服务的关键。为给学校带来多重风险的学生提供服务的学校应该比为良好青年提供服务的学校获得更多的资金。

扩展影响：网络在需要和需求的地方寻求能力的扩展。这可能包括地区伙伴关系和/或支持与快速授权。网络总是囊括对公共和私人慈善的需求，用以支持新学校的发展或学校转型。

更好地应对充满挑战的未来

我们看到了一个未来，年轻人不仅要为遥远的未来做准备，而且要接受严峻的挑战，并在当前的社区产生积极的影响；他们的所作所为令自己、家庭和社区感到骄傲。我们看到了一个未来，来自所有社区的家长都对学生将要面对的学习之旅充满信心并振奋不已。

个性化学习前景广阔却充满挑战。如果这项工作是一个简单的技术性挑战，那么你大可以照本宣科。然而这是一项目标不定、机会多变的工作。网络为工作提供了低风险入口、对实施的有力支持及做出贡献的机会。

新科技联盟的目标是建立一个以公立学校为荣的国家。有了数百所新技术附属学校和数千个志同道合的网络及学区的支持，我们认为这个目标不仅可及，而且至关重要。这是事关公平和经济发展的时代议题。

拓展阅读 ─────────────────────────────────

1. Rogers,Everett G. （2003）. Diffusion of Innovations, Fifth Edition.

New York,NY: Free Press.

2. Everett G. Rogers, （1962）. Diffusion of Innovations,First Edition.

New York,NY: Free Press.

3. Adapted from Billions Institute:www.billionsinstitute.com

4. http://www.gettingsmart.com/2017/04/projects-that-learn

5. http://sphweb.bumc.bu.edu/otlt/MPH-Modules/SB/BehavioralChangeTheories/

BehavioralChangeTheories_print.html

"常青藤"书系—中青文教师用书总目录

书名	书号	定价
特别推荐——从优秀到卓越系列		
★ 从优秀教师到卓越教师：极具影响力的日常教学策略（入选浙江省教师节用书）	9787515312378	33.80
★ 从优秀教学到卓越教学：让学生专注学习的最实用教学指南	9787515324227	39.90
★ 从优秀学校到卓越学校：他们的校长在哪些方面做得更好	9787515325637	33.80
★ 卓越课堂管理（中国教育新闻网2015年度"影响教师的100本书"）	9787515331362	88.00
名师新经典/教育名著		
★ 马文·柯林斯的教育之道：通往卓越教育的路径（《中国教育报》2019年度"教师喜爱的100本书"，中国教育新闻网"影响教师的100本书"。朱永新作序，李希贵力荐）	9787515355122	49.80
如何当好一名学校中层：快速提升中层能力、成就优秀学校的31个高效策略	9787515346519	29.00
像冠军一样教学：引领学生走向卓越的62个教学诀窍	9787515343488	49.00
像冠军一样教学2：引领教师掌握62个教学诀窍的实操手册与教学资源	9787515352022	68.00
★ 如何成为高效能教师（美国最畅销教师用书，销量超过350万册，教师培训第一书）	9787515301747	89.00
★ 给教师的101条建议（第三版）（《中国教育报》"最佳图书"奖）	9787515342665	33.00
★ 改善学生课堂表现的50个方法（入选《中国教育报》"影响教师的100本书"）	9787500693536	33.00
改善学生课堂表现的50个方法操作指南：小技巧获得大改变	9787515334783	29.00
★ 优秀教师一定要知道的17件事（美国当前最有影响教育畅销书作者全新力作）	9787515342726	23.00
美国中小学世界历史读本/世界地理读本/艺术史读本	9787515317397等	106.00
美国语文读本1-6	9787515314624等	252.70
和优秀教师一起读苏霍姆林斯基	9787500698401	27.00
快速破解60个日常教学难题	9787515339320	33.00
★ 美国最好的中学是怎样的——让孩子成为学习高手的乐园	9787515344713	28.00
建立以学习共同体为导向的师生关系：让教育的复杂问题变得简单	9787515353449	33.80
教师成长/专业素养		
从实习教师到优秀教师	9787515358673	39.90
像领袖一样教学：改变学生命运，使学生变得更好（中国教育新闻网2015年度"影响教师的100本书"）	9787515355375	49.00
你的第一年：新教师如何生存和发展	9787515351599	33.80
教师精力管理：让教师高效教学，学生自主学习	9787515349169	28.00
如何使学生成为优秀的思考者和学习者：哈佛大学教育学院课堂思考解决方案	9787515348155	39.90
反思性教学：一个已被证明能让所有教师做到最好的培训项目（30周年纪念版）	9787515347837	49.00
★ 凭什么让学生服你：极具影响力的日常教育策略（中国教育新闻网2017年度"影响教师的100本书"）	9787515347554	28.00
运用积极心理学提高学生成绩（中国教育新闻网2017年度"影响教师的100本书"）	9787515345680	39.80
★ 可见的学习与思维教学：让教学对学生可见，让学习对教师可见（中国教育报2017年度"教师最喜爱的100本书"）	9787515345000	29.80
可见的学习与思维教学：成长型思维教学的54个教学资源：教学资源版	9787515354743	36.00

书名	书号	定价
教学是一段旅程：成长为卓越教师你一定要知道的事	9787515344478	39.00
安奈特·布鲁肖写给教师的101首诗	9787515340982	35.00
万人迷老师养成宝典学习指南	9787515340784	28.00
中小学教师职业道德培训手册：师德的定义、养成与评估	9787515340777	32.00
成为顶尖教师的10项修炼（中国教育新闻网2015年度"影响教师的100本书"）	9787515334066	35.00
★ T. E. T. 教师效能训练：一个已被证明能让所有年龄学生做到最好的培训项目（30周年纪念版）（中国教育新闻网2015年度"影响教师的100本书"）	9787515332284	39.00
教学需要打破常规：全世界最受欢迎的创意教学法（中国教育新闻网2015年度"影响教师的100本书"）	9787515331591	33.00
10天卓越教师自我培训（教育家安奈特·布鲁肖顶尖卓越教师培训教材）	9787515329925	29.00
给幼儿教师的100个创意：幼儿园班级设计与管理／为幼升小做准备	9787515330310等	58.00
给小学教师的100个创意：发展思维能力	9787515327402	29.00
给中学教师的100个创意：如何激发学生的天赋和特长／杰出的教学／快速改善学生课堂表现	9787515330723等	87.90
以学生为中心的翻转教学11法	9787515328386	29.00
如何使教师保持职业激情	9787515305868	29.00
★ 如何培训高效能教师：来自全美权威教师培训项目的建议	9787515324685	32.00
良好教学效果的12试金石：每天都需要专注的事情清单	9787515326283	29.90
★ 让每个学生主动参与学习的37个技巧	9787515320526	28.00
给教师的40堂培训课：教师学习与发展的最佳实操手册	9787515352787	39.90
提高学生学习效率的9种教学方法	9787515310954	27.80
★ 优秀教师的课堂艺术：唤醒快乐积极的教学技能手册	9787515342719	26.00
★ 万人迷老师养成宝典（第2版）（入选《中国教育报》"2010年影响教师的100本书"）	9787515342702	29.00
高效能教师的9个习惯	9787500699316	23.00
★ 好老师可以避免的20个课堂错误（入选《中国教育报》"2010年影响教师的100本书"）	9787500688785	21.50
课堂教学/课堂管理		
深度教学：运用苏格拉底式提问法有效开展备课设计和课堂教学	9787515360591	49.90
一看就会的课堂设计：三个步骤快速构建完整的课堂管理体系	9787515360584	39.90
如何有效激发学生学习兴趣	9787515360577	38.00
如何解决课堂上最关键的9个问题	9787515360195	49.00
多元智能教学法：挖掘每一个学生的最大潜能	9787515359885	39.90
探究式教学：让学生学会思考的四个步骤	9787515359496	39.00
课堂提问的技术与艺术	9787515358925	49.00
如何在课堂上实现卓越的教与学	9787515358321	49.00
基于学习风格的差异化教学	9787515358437	39.90
如何在课堂上提问：好问题胜过好答案	9787515358253	39.00
★ 高度参与的课堂：提高学生专注力的沉浸式教学	9787515357522	39.90
让学习变得有趣	9787515357782	39.00

书名	书号	定价
★ 如何利用学校网络进行项目式学习和个性化学习	9787515357591	39.90
基于问题导向的互动式、启发式与探究式课堂教学法	9787515356792	49.00
如何在课堂中使用讨论：引导学生讨论式学习的60种课堂活动	9787515357027	38.00
如何在课堂中使用差异化教学	9787515357010	39.90
如何在课堂中培养成长型思维	9787515356754	39.90
每一位教师都是领导者：重新定义教学领导力	9787515356518	39.90
教室里的1-2-3魔法教学：美国广泛使用的从学前到八年级的有效课堂纪律管理	9787515355986	39.90
如何在课堂中使用布卢姆教育目标分类法	9787515355658	39.00
如何在课堂上使用学习评估	9787515355597	39.00
7天建立行之有效的课堂管理系统：以学生为中心的分层式正面管教	9787515355269	29.90
积极课堂：如何更好地解决课堂纪律与学生的冲突	9787515354590	38.00
设计智慧课堂：培养学生一生受用的学习习惯与思维方式	9787515352770	39.00
追求学习结果的88个经典教学设计：轻松打造学生积极参与的互动课堂	9787515353524	39.00
从备课开始的100个课堂活动设计：创造积极课堂环境和学习乐趣的教师工具包	9787515353432	33.80
老师怎么教，学生才能记得住	9787515353067	48.00
多维互动式课堂管理：50个行之有效的方法助你事半功倍	9787515353395	39.80
智能课堂设计清单：帮助教师建立一套规范程序和做事方法	9787515352985	49.90
提升学生小组合作学习的56个策略：让学生变得专注、自信、会学习	9787515352954	29.90
快速处理学生行为问题的52个方法：让学生变得自律、专注、爱学习	9787515352428	39.00
王牌教学法：罗恩·克拉克学校的创意课堂	9787515352145	39.80
让学生快速融入课堂的88个趣味游戏：让上课变得新颖、紧凑、有成效	9787515351889	39.00
★ 如何调动与激励学生：唤醒每个内在学习者（李希贵校长推荐全校教师研读）	9787515350448	39.80
合作学习技能35课：培养学生的协作能力和未来竞争力	9787515340524	45.00
基于课程标准的STEM教学设计：有趣有料有效的STEM跨学科培养教学方案	9787515349879	68.00
如何设计教学细节：好课堂是设计出来的	9787515349152	39.00
15秒课堂管理法：让上课变得有料、有趣、有秩序	9787515348490	33.80
混合式教学：技术工具辅助教学实操手册	9787515347073	39.80
从备课开始的50个创意教学法	9787515346618	29.00
中学生实现成绩突破的40个引导方法	9787515345192	33.00
给小学教师的100个简单的科学实验创意	9787515342481	39.00
老师如何提问，学生才会思考	9787515341217	33.80
教师如何提高学生小组合作学习效率	9787515340340	29.00
卓越教师的200条教学策略	9787515340401	35.00
中小学生执行力训练手册：教出高效、专注、有自信的学生	9787515335384	33.80
从课堂开始的创客教育：培养每一位学生的创造能力	9787515342047	33.00
提高学生学习专注力的8个方法：打造深度学习课堂	9787515333557	35.00
改善学生学习态度的58个建议	9787515324067	25.00

	书名	书号	定价
★	全脑教学（中国教育新闻网2015年度"影响教师的100本书"）	9787515323169	38.00
★	全脑教学与成长型思维教学：提高学生学习力的92个课堂游戏	9787515349466	39.00
★	哈佛大学教育学院思维训练课	9787515325101	36.00
	完美结束一堂课的35个好创意	9787515325163	28.00
	如何更好地教学：优秀教师一定要知道的事（被英国教育界奉为圣经的教学用书）	9787515324609	36.00
	带着目的教与学	9787515323978	28.00
★	美国中小学生社会技能课程与活动（学前阶段/1–3年级/4–6年级/7–12年级）	9787515322537等	153.80
	彻底走出教学误区：开启轻松智能课堂管理的45个方法	9787515322285	28.00
	破解问题学生的行为密码：如何教好焦虑、逆反、孤僻、暴躁、早熟的学生	9787515322292	36.00
	13个教学难题解决手册	9787515320502	28.00
★	让学生爱上学习的165个课堂游戏	9787515319032	39.00
	美国学生游戏与素质训练手册：培养孩子合作、自尊、沟通、情商的103种教育游戏	9787515325156	36.00
	老师怎么说，学生才会听	9787515312057	28.00
	快乐教学：如何让学生积极与你互动（入选《中国教育报》"影响教师的100本书"）	9787500696087	29.00
★	老师怎么教，学生才会提问	9787515317410	29.00
★	快速改善课堂纪律的75个方法	9787515313665	28.00
★	教学可以很简单：高效能教师轻松教学7法	9787515314457	39.00
★	好老师应对课堂挑战的25个方法（《给教师的101条建议》作者新书）	9787500699378	25.00
★	好老师激励后进生的21个课堂技巧	9787515311838	23.80
★	开始和结束一堂课的50个好创意	9787515312071	29.80
	好老师因材施教的12个方法（美国著名教师伊莉莎白"好老师"三部曲）	9787500694847	22.00
★	如何打造高效能课堂（美国《学习》杂志"教师必选"奖，"激励教师组织"推荐书目）	9787500680666	29.00
	合理有据的教师评价：课堂评估衡量学生进步	9787515330815	29.00
班主任工作/德育			
★	北京四中8班的教育奇迹	9787515321608	36.00
★	师德教育培训手册	9787515326627	29.80
	中小学教师职业道德培训手册：师德的定义、养成与评估	9787515340777	32.00
★	好老师征服后进生的14堂课（美国著名教师伊莉莎白"好老师"三部曲）	9787500693819	25.00
	优秀班主任的50条建议：师德教育感动读本（《中国教育报》专题推荐）	9787515305752	23.00
学校管理/校长领导力			
	重新设计学习和教学空间：设计利于活动、游戏、学习、创造的学习环境	9787515360447	49.90
	重新设计一所好学校：简单、合理、多样化地解构和重塑现有学习空间和学校环境	9787515356129	49.00
	让樱花绽放英华	9787515355603	79.00
	学校管理者平衡时间和精力的21个方法	9787515349886	29.90
	校长引导中层和教师思考的50个问题	9787515349176	29.00
	如何定义、评估和改变学校文化	9787515340371	29.80
	优秀校长一定要做的18件事（入选《中国教育报》"2009年影响教师的100本书"）	9787515342733	26.00

书名	书号	定价
学科教学/教科研		
从备课开始的56个英语创意教学：快速从小白老师到名师高手	9787515359878	49.90
美国学生写作技能训练	9787515355979	39.90
《道德经》妙解、导读与分享（诵读版）	9787515351407	49.00
京沪穗江浙名校名师联手教你：如何写好中考作文	9787515356570	49.90
京沪穗江浙名校名师联手授课：如何写好高考作文	9787515356686	49.80
★ 人大附中中考作文取胜之道	9787515345567	39.80
★ 人大附中高考作文取胜之道	9787515320694	33.80
★ 人大附中学生这样学语文：走近经典名著	9787515328959	33.80
四界语文（中国教育报2017年度"教师喜爱的100本书"）	9787515348483	49.00
让小学一年级孩子爱上阅读的40个方法	9787515307589	39.90
让学生爱上数学的48个游戏	9787515326207	26.00
轻松100课教会孩子阅读英文	9787515338781	88.00
情商教育/心理咨询		
9节课，教你读懂孩子：妙解亲子教育、青春期教育、隔代教育难题	9787515351056	39.80
★ 学生版盖洛普优势识别器（独一无二的优势测量工具）	9787515350387	169.00
与孩子好好说话（获"美国国家育儿出版物（NAPPA）金奖"，沟通圣经）	9787515350370	39.80
中小学心理教师的10项修炼	9787515309347	36.00
★ 别和青春期的孩子较劲（增订版）（入选《中国教育报》"2009年影响教师的100本书"）	9787515343075	28.00
★ 100条让孩子胜出的社交规则	9787515327648	28.00
守护孩子安全一定要知道的17个方法	9787515326405	32.00
幼儿园/学前教育		
德国幼儿的自我表达课：不是孩子爱闹情绪，是她/他想说却不会说！	9787515359458	59.00
德国幼儿教育成功的秘密：近距离体验德国学前教育理念与幼儿园日常活动安排	9787515359465	49.80
美国儿童自然拼读启蒙课：至关重要的早期阅读训练系统	9787515351933	49.80
幼儿园30个大主题活动精选：让工作更轻松的整合技巧	9787515339627	39.80
★ 美国幼儿教育活动大百科：3-6岁儿童学习与发展指南用书 科学/艺术/健康与语言/社会	9787515324265等	600.00
蒙台梭利早期教育法：3-6岁儿童发展指南（理论版）	9787515322544	29.80
蒙台梭利儿童教育手册：3-6岁儿童发展指南（实践版）	9787515307664	25.00
★ 自由地学习：华德福的幼儿园教育	9787515328300	29.90
赞美你：奥巴马给女儿的信	9787515303222	19.90
史上最接地气的幼儿书单	9787515329185	39.80
教育主张/教育视野		
颠覆性思维：为什么我们的阅读方式很重要	9787515360393	39.90
如何教学生阅读与思考：每位教师都需要的阅读训练手册	9787515359472	39.00
"互联网+"时代，如何做一名成长型教师	9787515340302	29.90

书名	书号	定价
培养改变世界的学习者：美国最好的教育给我们的启示	9787515356877	39.90
教出阅读力	9787515352800	39.90
为学生赋能：当学生自己掌控学习时，会发生什么	9787515352848	33.00
如何用设计思维创意教学：风靡全球的创造力培养方法	9787515352367	39.80
如何发现孩子：实践蒙台梭利解放天性的趣味游戏	9787515325750	32.00
如何学习：用更短的时间达到更佳效果和更好成绩	9787515349084	49.00
教师和家长共同培养卓越学生的10个策略	9787515331355	27.00
★ 如何阅读：一个已被证实的低投入高回报的学习方法	9787515346847	39.00
★ 芬兰教育全球第一的秘密（钻石版）（《中国教育报》等主流媒体专题推荐，台湾地区教育类畅销书榜第一名）	9787515359922	59.00
世界最好的教育给父母和教师的45堂必修课（《芬兰教育全球第一的秘密》2）	9787515342696	28.00
★ 杰出青少年的7个习惯（精英版）（中小学图书馆推荐书目、中国青少年必读书目）	9787515342672	39.00
杰出青少年的7个习惯（成长版）	9787515335155	29.00
★ 杰出青少年的6个决定（领袖版）（中小学图书馆推荐书目、中国青少年必读书目、全国优秀出版物奖）	9787515342658	28.00
★ 7个习惯教出优秀学生（第2版）（全球第一畅销书《高效能人士的七个习惯》教师版）	9787515342573	39.90
学习的科学：如何学习得更好更快（入选中国教育网2016年度"影响教师的100本书"）	9787515341767	39.80
杰出青少年构建内心世界的5个坐标（中国青少年成长公开课）	9787515314952	59.00
★ 跳出教育的盒子（第2版）（美国中小学教学经典畅销书）	9787515344676	35.00
夏烈教授给高中生的19场讲座（入选《中国教育报》"2013年最受教师欢迎的100本书"）	9787515318813	29.90
★ 学习之道：美国公认经典学习书	9787515342641	39.00
★ 翻转学习：如何更好地实践翻转课堂与慕课教学（中国教育新闻网2015年度"影响教师的100本书"）	9787515334837	32.00
★ 翻转课堂与慕课教学：一场正在到来的教育变革	9787515328232	26.00
翻转课堂与混合式教学：互联网+时代，教育变革的最佳解决方案	9787515349022	29.80
翻转课堂与深度学习：人工智能时代，以学生为中心的智慧教学	9787515351582	29.80
★ 奇迹学校：震撼美国教育界的教学传奇（中国教育新闻网2015年度"影响教师的100本书"）	9787515327044	36.00
★ 学校是一段旅程：华德福教师1-8年级教学手记	9787515327945	32.00
★ 高效能人士的七个习惯（30周年纪念版）（全球畅销书）	9787515350585	79.00

《从优秀教师到卓越教师：极具影响力的日常教学策略》

作 者：（美）安奈特·布鲁肖
　　　　托德·威特克尔

ISBN：978-7-5153-1237-8

开 本：16

页 码：336

定 价：33.80元

★ 入选浙江省教师节用书

★ 入选中小学教师必读图书

★ 入选"新华杯"教师读书征文比赛推荐图书

★ 高效：一天一个简单易学的方法，5分钟就能让你的教学效果"立竿见影"

★ 实用：180天，闲暇之时就能轻松学习新理论、新方法、新智慧

★ 权威：美国最受欢迎的教育家与数千名卓越教师的无私分享，让你获得全新的教学视野

★ 超强影响力：美国教育界公认最好的教师培训项目二十余年的宝贵经验

　　本书是一本覆盖全学年的实用教学指南，一共包含 180 天，几乎覆盖了整个学年的教学时间，每一天为教师提供一个与教学相关的方法、策略或者行动建议，以提高教学的有效性。教师每天只需花几分钟的时间，就能获得新进步、新收获。

　　作为一名教师，由于肩负着众多的责任，所以很容易顾此失彼，看重一些我们本无须看重的东西，忽略一些我们本不该忽略的东西。因此，每一天，我们都需要提醒自己做自己该做的事情。本书将在你教学的每一天为你送上温馨的提醒、善意的建议、周全的行动计划。

像冠军一样教学：
引领学生走向卓越的62个教学诀窍

ISBN：9787515343488
作者：[美]道格·莱莫夫
2016-9 定价：49.00元
上架建议：畅销书 教师用书

入选《中国教育报》2016年度"教师喜爱的100本书"
入选中国教育新闻网2016年度"影响教师的100本书"

- 被誉为美国的"教学圣经"
- 全球1700万教师口碑相传的教学指南
- 教育界罕见的销量过千万的全球畅销书
- 只要掌握技巧，没有教不会的学生
- 一套已被证明适合每一所学校和每一个教师课堂的实用教学工具
- 《纽约时报》《时代周刊》《洛杉矶时报》《华盛顿邮报》《华尔街日报》《今日美国》等权威媒体重磅推荐
- 伟大的教师不是天生的，而是后天造就的。事实上，每一位教师都可以选择加倍努力来完善自己，最终成为你想成为的教师。本书涉及的62个教师技巧，一直被大多数教师实践，所有遵循这些方法的教师，都成功掌控了自己的课堂。

内容简介：《像冠军一样教学：引领学生走向卓越的62个教学诀窍》被誉为美国的"教学圣经"，作者多年来观察教学成效出色的冠军教师，从他们的教学技巧中整理归纳出一套实用的教学手册，清晰易懂又容易上手，能帮助新手教师更快进入状况，快速提升教学效果；帮助老教师直达教育本质，沉淀教学精华；帮助学生发挥最大潜力，在未来拥有更多机会。

全书在一个个引人入胜的教学案例中，为教师提供了62个操作简便、高效实用的教学技巧，每章末均附有切实可行的培训练习，帮助教师进一步理解和反思他们的教学行为，以更好地引导学生专注学习，发挥最大潜力。

作者简介：道格·莱莫夫是美国畅销书作家、权威教育家、著名教师培训导师。毕业于哈佛大学。

道格是教育界的权威专家。不仅如此，他还是全美教师培训界最引人注目的导师，他在观察几千堂"不可思议"的高效课堂后，归纳出冠军教师所需要的62个教学诀窍，他关于教学的理念和方法，一直被大多数教师实践，所有遵循这些方法的人，都成功掌控了自己的课堂和生活，并从中获得了无限快乐和幸福。

《像冠军一样教学：引领学生走向卓越的62个教学诀窍》出版后，在全球教育界引起巨大震动，包括《纽约时报》《洛杉矶时报》等主流媒体都做过专文报道。莱莫夫本人也声名鹊起，哈佛大学教育学院数次诚邀他登台演讲，约旦王后拉尼娅盛情邀请他出任教育顾问。

他还撰写了畅销书《练习的力量：把事情做到更好的42法则》。